원리부터 연산까지 한번에 잡는

초등수학
문장제
개념이 먼저다

안녕~ 만나서 반가워!
지금부터 초등수학
문장제 공부 시작!

책의 구성

1 단원 소개

공부할 내용을 미리 알 수 있어요.
건너뛰지 말고 꼭 읽어 보세요.

2 개념 익히기

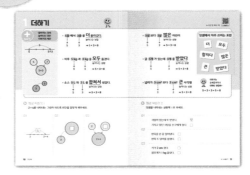

꼭 알아야 하는 개념을 알기 쉽게 설명했어요.
개념에 대해 알아보고, 개념을 익힐 수 있는
문제도 풀어 보세요.

4 개념 마무리

익히고, 다진 개념을 마무리하는 문제예요.
배운 개념을 마무리해 보세요.

5 단원 마무리

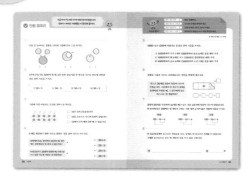

얼마나 잘 이해했는지 체크하는 문제입니다.
한 단원이 끝날 때 풀어 보세요.

3 개념 다지기

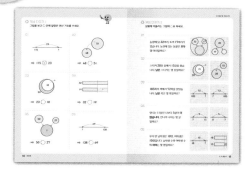

익힌 개념을 친구의 것으로 만들기 위해서는
문제를 풀어봐야 해요.
문제로 개념을 꼼꼼히 다져 보세요.

이런 순서로
공부해요!

6 서술형으로 확인

배운 개념을 서술형 문제로
확인해 보세요.

7 쉬어가기

배운 내용과 관련된 재미있는 이야기를
보면서 잠깐 쉬어가세요.

1. 덧셈, 뺄셈, 곱셈, 나눗셈은 초등수학에서 중요한 주제입니다. 그래서 초등 과정에서는 꽤 오랜 시간 동안 정성을 들여서 이 주제에 대해 다루는데요. 그렇게 꼼꼼히 공부한 덕분에, 많은 학생들이 계산하는 방법은 잘 알고 있습니다. 하지만 계산식이 아닌 문장으로 된 문제가 주어진다면 어떨까요? 우선, 문제를 해결하기 위한 '식'을 만드는 것부터 해야겠지요.

그런데 문제에 하나의 연산만 나오는 것이 아니라, 여러 가지 연산이 복잡하게 섞여 있다면 식을 만들기 쉽지 않겠지요. 그 이유는 그동안 연산의 의미보다는 계산하는 방법 위주로 공부했기 때문일 것입니다. 그래서 <문장제 개념이 먼저다>는 문장으로 된 문제를 보고 식을 만드는 과정에 초점을 맞추었습니다.

<문장제 개념이 먼저다>는 각 연산의 의미와 어떤 상황에서 그 연산을 써야 하는지를 자세히 소개합니다. 식이라는 것은 글로 된 문제 상황을 수학의 언어로 바꾼 것입니다. 그래서 각 계산식이 의미하는 상황에 맞추어 계산을 하다 보면, 계산에도 순서가 있음을 자연스럽게 알게 됩니다. <문장제 개념이 먼저다>에서는 계산 순서를 기계적으로 외우는 것이 아니라, 왜 그렇게 되는지에 대한 이유를 제시하여 이해를 돕습니다.

2. 수학은 단순히 계산만 하는 산수가 아니라 논리적인 사고를 하는 활동입니다. 이유와 원리를 알고 공부하면 수학만큼 재미있는 과목도 없습니다.

특히 문장으로 되어있는 문제를 읽고, 식을 만드는 과정은 논리적 사고를 훈련하기에 좋습니다. 계산을 빠르고 정확하게 하여 실수 없이 답을 찾는 일보다, 문제를 읽고 바르게 식을 만드는 과정의 즐거움을 경험할 수 있도록 지도해 주세요.

 # 약속해요

공부를 시작하기 전에
친구는 나랑 약속할 수 있나요?

1. 바르게 앉아서 공부합니다.

2. 꼼꼼히 읽고, 개념 설명은 소리 내어 읽습니다.

3. 바른 글씨로 또박또박 씁니다.

4. 책을 소중히 다룹니다.

약속했으면 아래에 서명을 하고, 지금부터 잘 따라오세요~

이름 : _____

차례

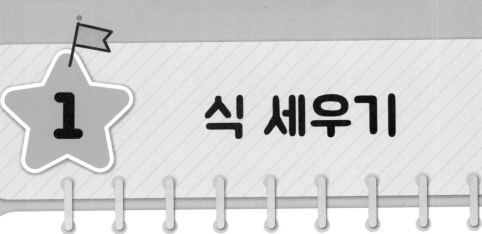

1 식 세우기

2 혼합 계산

3 혼합 계산 연습

1 식 세우기

문제

더하기
상황

빼기
상황

곱하기
상황

나누기
상황

상황에 알맞게
식을 만들기!

$$8 + 12 \div 4$$

1 더하기

 더하기

많아지는 것과
늘어나는 것은
더하기로 계산

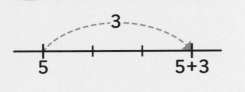

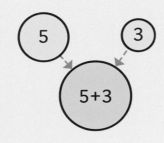

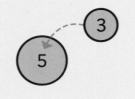

▶ **5층** 에서 **3층** 을 **더** 올라갔다.

늘어나는 상황

5　　　3　　　➡ 5 + 3 = 8

▶ 자루 **5 kg** 과 **3 kg** 을 **모두** 옮겼다.

늘어나는 상황

5　　　3　　　➡ 5 + 3 = 8

▶ 소스 **5 L** 와 **3 L** 를 **합쳐서** 섞었다.

늘어나는 상황

5　　　3　　　➡ 5 + 3 = 8

▶ **개념 익히기 1**

2+4를 나타내는 그림이 되도록 빈칸을 알맞게 채우세요.

01

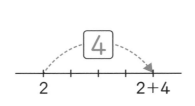

02

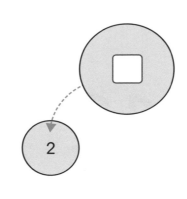

03

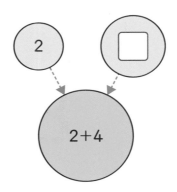

▶ 정답 및 해설 1쪽

3401

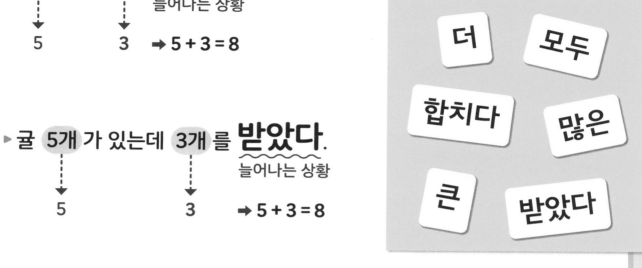

▶ 5살 보다 3살 **많은** 어린이
늘어나는 상황

5   3   ➡ 5 + 3 = 8

▶ 귤 5개 가 있는데 3개 를 **받았다**.
늘어나는 상황

5   3   ➡ 5 + 3 = 8

▶ 넓이가 5 cm² 보다 3 cm² **큰** 사각형
늘어나는 상황

5   3   ➡ 5 + 3 = 8

덧셈에서 자주 쓰이는 표현

더   모두

합치다   많은

큰   받았다

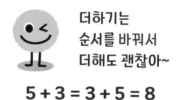

더하기는
순서를 바꿔서
더해도 괜찮아~

5 + 3 = 3 + 5 = 8

▶ 개념 익히기 2

덧셈을 나타내는 상황에 V표 하세요.

01

사탕이 있는데 또 받았다.   ☑

가지고 있던 사탕을 친구에게 줬다.   ☐

02

반죽을 한 줌 덜어냈다.   ☐

반죽 두 덩이를 합쳤다.   ☐

03

키가 2 cm 컸다.   ☐

몸무게가 1 kg 줄었다.   ☐

2 빼기

빼기 줄어드는 것과 비교해서 차이나는 것은 빼기로 계산

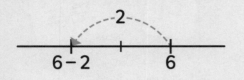

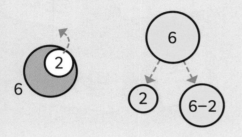

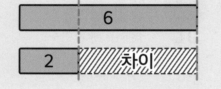

▶ **6층** 에서 **2층** 을 **내려갔다**.
줄어드는 상황

    6   2   ➡ 6 − 2 = 4

▶ 빵 **6개** 에서 **2개** 를 먹고 **남은** 빵
줄어드는 상황

    6   2   ➡ 6 − 2 = 4

▶ 축구공 6개, 야구공 2개, 개수의 **차이**

비교하는 상황도 "빼기"

(큰 수) − (작은 수)
➡ 6 − 2 = 4

▶ **개념 익히기 1**

8 − 5 를 나타내는 그림이 되도록 빈칸을 알맞게 채우세요.

01

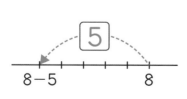

02

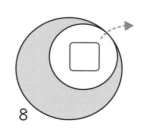

03

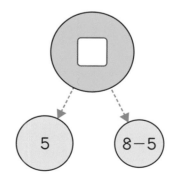

▶ 정답 및 해설 1쪽

▶ **6살** 보다 **2살** <u>**어린**</u> 동생
줄어드는 상황

6　　　2　　→ 6 − 2 = 4

뺄셈에서 자주 쓰이는 표현

차　　차이　　남은

작은　　주었다

덜어서　　빼서

▶ 카드 **6장** 중에서 **2장** 을 <u>**주었다**</u>.
줄어드는 상황

6　　　2　　→ 6 − 2 = 4

뺄셈식은 덧셈식으로 바꿔 쓸 수 있어~

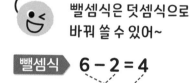

뺄셈식 6 − 2 = 4

덧셈식 2 + 4 = 6

▶ 넓이가 **6 cm²** 보다 **2 cm²** <u>**작은**</u> 도형
줄어드는 상황

6　　　2　　→ 6 − 2 = 4

▶ 개념 익히기 2

뺄셈을 나타내는 상황에 V표 하세요.

01 ──────────────

키위 **5개** 중에 **2개**를 먹었다.　☑

키위 **5개**를 그대로 두었다.　☐

02 ──────────────

지난달에 받은 용돈과 세뱃돈을 합쳤다.　☐

용돈 **10000원** 중에서 **3000원**을 썼다.　☐

03 ──────────────

아이스크림 가격이 **500원** 올랐다.　☐

아이스크림 가격을 **500원** 할인했다.　☐

▶ 개념 다지기 1

그림을 보고 ◯ 안에 알맞은 연산 기호를 쓰세요.

01

➡ 115 ⊕ 23

02

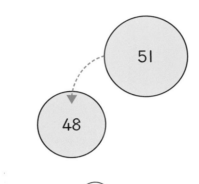

➡ 48 ◯ 51

03

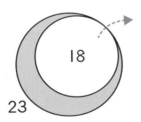

➡ 23 ◯ 18

04

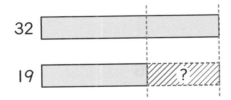

➡ 32 ◯ 19

05

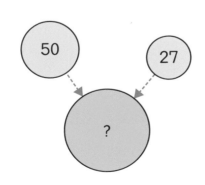

➡ 50 ◯ 27

06

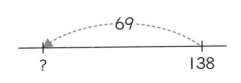

➡ 138 ◯ 69

▶ 개념 다지기 2

상황에 어울리는 그림에 ◯표 하세요.

01

농장에 닭 **32**마리, 토끼 **17**마리가 있습니다. 농장에 있는 동물은 **모두** 몇 마리일까요?

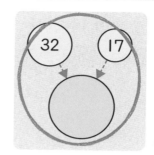 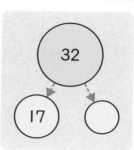

02

스티커 **28**장 중에서 **15**장을 썼습니다. **남은** 스티커는 몇 장일까요?

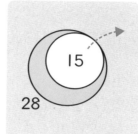 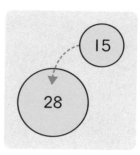

03

185쪽의 책에서 **72**쪽을 읽었습니다. **남은** 쪽은 몇 쪽일까요?

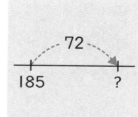 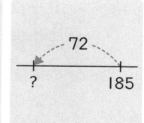

04

언니는 **11**살인 나보다 **5**살이 **더 많습니다.** 언니의 나이는 몇 살일까요?

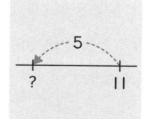 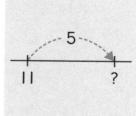

05

우리 반 남학생은 **18**명, 여학생은 **15**명입니다. 남학생 수와 여학생 수의 **차이**는 몇 명일까요?

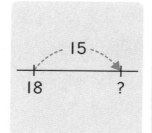

▶ 개념 마무리 1

알맞은 상황에 V표 하고, 빈칸을 알맞게 채워 식을 완성하세요.

01

장미 19송이, 백합 11송이가 있습니다.
어느 꽃이 몇 송이 더 많을까요?

늘어나는 상황 ☐
줄어드는 상황 ☐   ➡ 19 ⊖ 11
비교하는 상황 ☑

02

젤리 7개가 든 봉지에 젤리 5개를 더 넣었습니다.
봉지 안에 젤리는 모두 몇 개일까요?

늘어나는 상황 ☐
줄어드는 상황 ☐   ➡ ☐ ◯ ☐
비교하는 상황 ☐

03

넓이가 148 cm²인 사각형을 넓이 50 cm²만큼 잘라냈습니다.
남은 도형의 넓이는 얼마일까요?

늘어나는 상황 ☐
줄어드는 상황 ☐   ➡ ☐ ◯ ☐
비교하는 상황 ☐

04

12명이 탄 버스에 8명이 더 탔습니다. 버스에 탄 사람은 모두 몇 명일까요?

늘어나는 상황 ☐
줄어드는 상황 ☐   ➡ ☐ ◯ ☐
비교하는 상황 ☐

05

주머니에 파란 구슬 57개, 빨간 구슬 39개가 있습니다.
두 구슬의 차이는 몇 개일까요?

늘어나는 상황 ☐
줄어드는 상황 ☐   ➡ ☐ ◯ ☐
비교하는 상황 ☐

▶ 개념 마무리 2

상황에 알맞은 식을 세우고, 답을 구하세요.

01

식빵이 12장 들어있는 봉지에서 7장을 꺼내 먹었습니다.
봉지에 남은 식빵은 몇 장일까요?

식 $12 - 7 = 5$ 답   5   장

02

우리 반 남학생은 16명, 여학생은 17명입니다.
우리 반 학생은 모두 몇 명일까요?

식   답   명

03

차 19대를 주차할 수 있는 주차장에 8대가 주차되어 있습니다.
몇 대의 차를 더 주차할 수 있을까요?

식   답   대

04

25 m인 리본에 15 m인 리본을 겹치지 않게 이어 붙였습니다.
새로 만들어진 리본은 몇 m일까요?

식   답   m

05

민지는 29층에서 5층을 내려갔습니다. 민지가 있는 층은 몇 층일까요?

식   답   층

06

책꽂이에 수학책이 84권, 영어책이 76권 있습니다.
수학책은 영어책보다 몇 권 더 많을까요?

식   답   권

3 곱하기

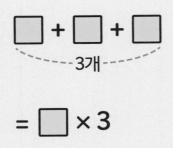

곱하기 | 같은 수를 반복적으로 더하는 것은 곱하기로 계산

$$\square + \square + \square$$

3개

$$= \square \times 3$$

□씩 3개

또는

□의 3배

▶ **직사각형의 넓이는 곱셈으로!**

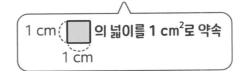

1 cm □의 넓이를 1 cm²로 약속
1 cm

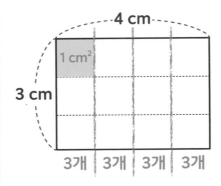

4 cm

3 cm

1 cm²

3개 | 3개 | 3개 | 3개

3 cm

4 cm

1 cm²

4개 | 4개 | 4개

직사각형의 넓이는?

$$3 + 3 + 3 + 3$$
4개

$$= 3 \times 4$$

$$= 12 \,(\text{cm}^2)$$

$$4 + 4 + 4$$
3개

$$= 4 \times 3$$

$$= 12 \,(\text{cm}^2)$$

▶ 개념 익히기 1

그림을 보고 곱셈식의 빈칸을 채우세요.

01

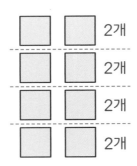

2개

2개

2개

2개

$$2 \times \boxed{4}$$

02

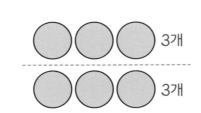

3개

3개

$$3 \times \boxed{}$$

03

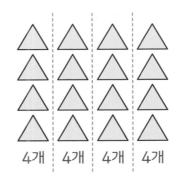

4개 | 4개 | 4개 | 4개

$$4 \times \boxed{}$$

▶ 정답 및 해설 3쪽

▶ 몇 개씩 몇 묶음은 곱셈!

한 묶음에
구슬 4개

3묶음에 구슬은 모두 몇 개?

➡ 4 + 4 + 4
        3개

= 4 × 3

= 12 (개)

▶ 이동 거리도 곱셈으로!

한 시간 동안
달린 거리

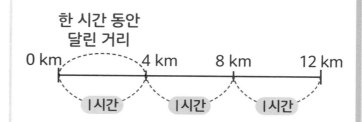

3시간 동안 달린 거리는?

➡ 4 + 4 + 4
        3개

= 4 × 3

= 12 (km)

(달린 거리)
= (빠르기) × (시간)

▶ 개념 익히기 2

'개씩'에 ○표 하고, 빈칸을 알맞게 채우세요.

01

구슬이 5개씩 4상자 있다. ➡ 구슬의 개수: 5 × 4

02

스티커가 20개씩 6묶음 있다. ➡ 스티커의 개수: [ ] × 6

03

젤리가 15개씩 3봉지 있다. ➡ 젤리의 개수: 15 ○ 3

4 나누기

| ÷ 나누기 | 같은 수를 반복적으로 빼는 것, 또는 똑같이 나누어 주는 것은 나누기로 계산 |

$$8 - 2 - 2 - 2 - 2 = 0$$

4번

$$\rightarrow 8 \div 2 = 4$$

0이 될 때까지 뺄 수 있는 횟수가 **몫**

▶ 묶음의 개수가 몫!

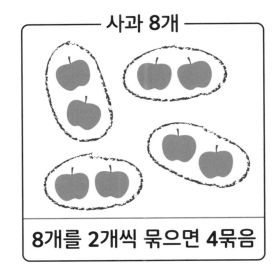

사과 8개

8개를 2개씩 묶으면 4묶음

$$8 \div 2 = 4$$

8을   2씩 묶으면   4묶음

▶ 개념 익히기 1

그림을 보고 빈칸을 알맞게 채우세요.

01

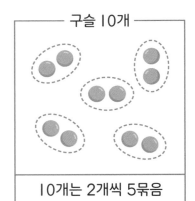

구슬 10개

10개는 2개씩 5묶음

$$10 \div \boxed{2} = \boxed{5}$$

02

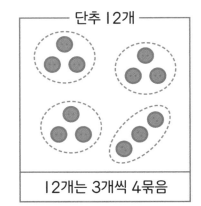

단추 12개

12개는 3개씩 4묶음

$$12 \div \boxed{} = \boxed{}$$

03

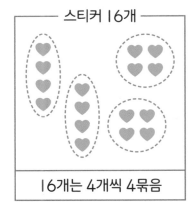

스티커 16개

16개는 4개씩 4묶음

$$16 \div \boxed{} = \boxed{}$$

▶ **0이 될 때까지 뺄 수 있는 횟수**가 뭣!

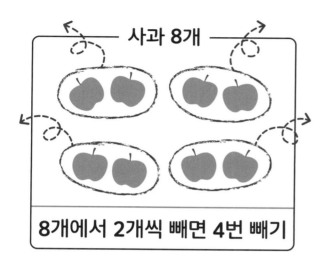

사과 8개

8개에서 2개씩 빼면 4번 빼기

$$8 \div 2 = 4$$

8에서 　2씩 빼면 　　4번 뺄 수 있다!

▶ **한 곳에 놓이는 개수**가 뭣!

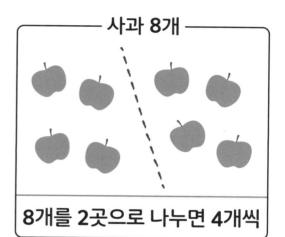

사과 8개

8개를 2곳으로 나누면 4개씩

$$8 \div 2 = 4$$

8을 　2곳으로 나누면 　　4씩

▶ **개념 익히기 2**

그림을 보고 나눗셈식의 빈칸을 채우세요.

01

(케이크) ÷ 6

02

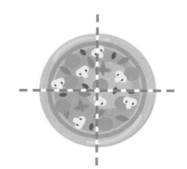

(피자) ÷ ☐

03

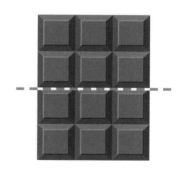

(초콜릿) ÷ ☐

그림에 어울리는 식에 V표 하세요.

01

1시간에
▲ km씩

4시간

▲ × 4　☑

▲ ÷ 4　☐

02

구슬이
모두 ♥개

♥ × 3　☐

♥ ÷ 3　☐

03

★개씩
덜어내기

탁구공 100개

100 × ★　☐

100 ÷ ★　☐

04

BEST DONUTS　도넛 ♣개
BEST DONUTS　도넛 ♣개

♣ × 2　☐

♣ ÷ 2　☐

05

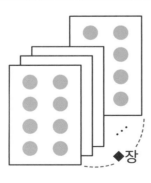

◆장

8 + ◆　☐

8 × ◆　☐

06

1분에
■ L 씩

1시간 동안 받은 물

■ × 1　☐

■ × 60　☐

▶ 개념 다지기 2

문장에 알맞은 그림을 찾아 선으로 이으세요.

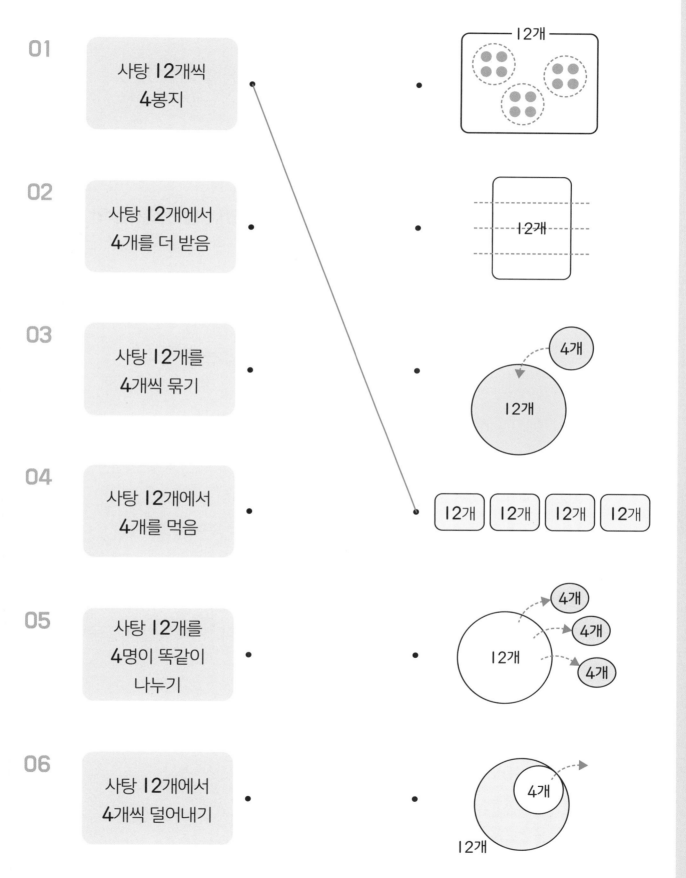

01 사탕 12개씩 4봉지

02 사탕 12개에서 4개를 더 받음

03 사탕 12개를 4개씩 묶기

04 사탕 12개에서 4개를 먹음

05 사탕 12개를 4명이 똑같이 나누기

06 사탕 12개에서 4개씩 덜어내기

▶ 개념 마무리 1

알맞은 상황에 V표 하고, 식을 쓰세요. (계산은 안 해도 됩니다.)

01

한 상자에 마카롱이 5개씩 2줄 들어있다. 마카롱은 몇 개?

➡ 몇 개씩 몇 묶음 상황 ☑

같은 수를 반복적으로 빼는 상황 ☐

식 5×2

02

쿠키 45개를 한 접시에 5개씩 똑같이 나누어 담았다. 담은 접시는 몇 개?

➡ 같은 수를 반복적으로 더하는 상황 ☐

같은 수를 반복적으로 빼는 상황 ☐

식 _____

03

토마토 6박스 중에서 2박스를 먹었다. 남은 토마토는 몇 박스?

➡ 줄어드는 상황 ☐

똑같이 나누어 주는 상황 ☐

식 _____

04

구슬이 3개씩 7묶음이 있다. 구슬은 모두 몇 개?

➡ 몇 개씩 몇 묶음 상황 ☐

같은 수를 반복적으로 빼는 상황 ☐

식 _____

05

오전에 2000걸음, 오후에는 3000걸음을 걸었다. 하루 동안의 걸음 수는?

같은 수를 반복적으로 더하는 상황 ☐

➡ 늘어나는 상황 ☐

줄어드는 상황 ☐

식 _____

06

1분에 100 m씩 30분 동안 달린 거리는?

같은 수를 반복적으로 빼는 상황 ☐

➡ 줄어드는 상황 ☐

같은 수를 반복적으로 더하는 상황 ☐

식 _____

▶ 정답 및 해설 4~5쪽

3406

▶ 개념 마무리 2

주어진 상황에 알맞은 식을 쓰고, 답을 구하세요.

01

손님 48명을 6명씩 한 테이블에 앉히려고 합니다.
필요한 테이블은 몇 개일까요?

식 $48 \div 6 = 8$ 답 8 개

02

남학생 1명과 여학생 1명을 짝 지어 14쌍을 만들었습니다.
학생 수는 모두 몇 명일까요?

식 _____ 답 _____ 명

03

딸기맛 사탕 25개와 포도맛 사탕 30개를 샀습니다.
사탕은 모두 몇 개일까요?

식 _____ 답 _____ 개

04

승호는 매일 아침, 점심, 저녁에 영양제를 1알씩 먹습니다.
영양제 1통에 240알이 들어있을 때, 며칠 동안 먹을 수 있을까요?

식 _____ 답 _____ 일

05

물티슈 한 팩에 40장이 들어있습니다.
5팩에 들어있는 물티슈는 모두 몇 장일까요?

식 _____ 답 _____ 장

06

귤나무에 귤이 80개 열려 있습니다.
귤을 모두 따서 한 상자에 16개씩 담으면 몇 상자가 될까요?

식 _____ 답 _____ 상자

5 혼합 계산 (1)

문제 400원짜리 머핀을 3개 사서 포장을 했다. 포장하는 데 700원이 들었다면, **모두** 얼마가 들었을까?

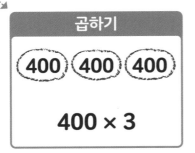

곱하기

400 400 400

400 × 3

더하기!

머핀 값   포장비

모두

더하기와 곱하기가 섞여 나올 수도 있구나!

그림으로 **간단히** 나타내기

머핀 값   포장비
400 × 3   700

모두

식 400 × 3 + 700
= 1200 + 700
= 1900

답 1900원

▶ **개념 익히기 1**

그림에 어울리는 식을 쓰세요.

01

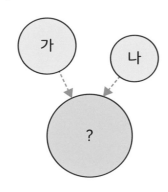

가   나

?

? = 가 + 나

02

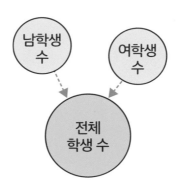

남학생 수   여학생 수

전체 학생 수

(전체 학생 수)
=

03

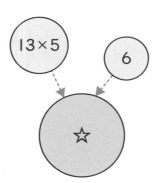

13×5   6

☆

☆ =

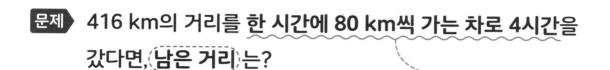

문제▶ 416 km의 거리를 한 시간에 80 km씩 가는 차로 4시간을 갔다면, 남은 거리는?

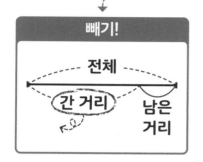

빼기와 곱하기가 섞여 나올 수 있어~

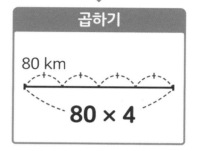

거리와 시간 문제는 **수직선**으로 나타내기

식▶ 416 − 80 × 4

= 416 − 320

= 96

답▶ 96 km

▶ **개념 익히기 2**

상황에 알맞은 식을 쓰고, 계산해 보세요.

01

떡 5개 중에 2개를 먹었다. 남은 떡은?   5 − 2 = 3(개)

02

문제 13개 중에 6개를 풀었다. 남은 문제 수는?

03

4000원 중에 2000원을 썼다. 남은 돈은?

▶ 개념 다지기 1

문장에 어울리도록 ⌣를 그리세요.

01

하루 24시간 중에서 ◇시간을 잤다.

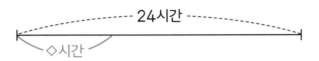

02

34 m를 가고, ☆ m를 더 갔다.

03

3시간을 비행하고, △시간을 더 비행했다.

04

100 km를 갔다가 ♡ km를 되돌아왔다.

05

학교에 있는 6시간 중에서 점심시간은 ▼시간이다.

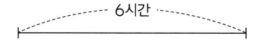

06

일주일 중에서 ●일은 수영을 했다.

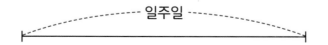

▶ 개념 다지기 2

문장의 일부분을 식으로 나타내려고 합니다. ◯ 안에 알맞은 연산 기호를 쓰세요.

01

한 통에 ☆개씩 들어있는 사탕을 **3**통 사고, **5**개를 먹었다.

➡ ☆ ⊗ 3

02

우리 학교 여학생은 ♡명이고, 남학생은 여학생의 **2**배보다 △명이 적다.

➡ ♡ ◯ 2

03

120쪽 분량의 수학 문제집을 ♣쪽씩 **7**일간 풀었다.

➡ ♣ ◯ 7

04

구슬 **350**개로 팔찌를 만드는 데 ▥개를 사용했더니 ▽개가 남았다.

➡ 350 ◯ ▥

05

색종이로 물고기 **7**마리를 접고, 조개 ◎개를 접었더니 모두 ♡개였다.

➡ 7 ◯ ◎

06

한 개에 **450**원인 고기만두 ♥개와 한 개에 **370**원인 김치만두 ◆개를 샀다.

➡ 450 ◯ ♥   ➡ 370 ◯ ◆

문제에 맞게 그림의 빈칸을 채우고, ?를 구하는 식을 세워 보세요.

01

1700원짜리 펜 두 자루와
3100원짜리 노트 한 권을 샀습니다.
모두 얼마일까요?

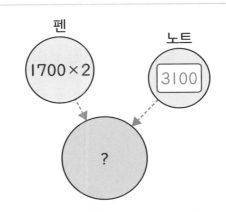

? = __1700 × 2 + 3100__

02

칭찬 스티커 17개가 있는데
하루에 3개씩 4일을 더 받았습니다.
칭찬 스티커는 **모두** 몇 개일까요?

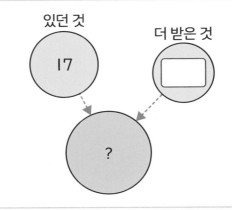

? = _____

03

민재는 하루 5 km씩 일주일 동안 걸으
려고 합니다. 현재까지 28 km를 걸었
다면 **남은** 거리는 몇 km일까요?

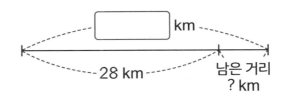

? = _____

04

한 시간에 60 km씩 달리는 차로
3시간을 가고, 20 km를 더 갔습니다.
모두 몇 km를 갔을까요?

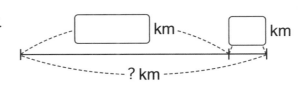

? = _____

▶ 개념 마무리 2

문제에 알맞은 식을 세우고, 답을 구하세요.

01

15 cm인 종이띠 1개와 8 cm인 종이띠 4개를 겹치지 않게 이어 붙였습니다. 종이띠의 전체 길이는 몇 cm일까요?

식 $15 + 8 \times 4 = 47$ 답   47   cm

02

500원짜리 생수 6병과 2500원짜리 주스 한 병을 사려면 얼마를 내야 할까요?

식   답   원

03

올해 민영이의 나이는 10살이고, 삼촌의 나이는 민영이 나이의 3배입니다. 민영이와 삼촌 나이의 합은 얼마일까요?

식   답   살

04

한샘이는 2000원짜리 젤리 3봉지를 사려고 10000원을 냈습니다. 이때, 거스름돈은 얼마일까요?

식   답   원

05

흰 바둑돌이 70개 있고, 검은 바둑돌은 30개씩 5묶음이 있습니다. 전체 바둑돌의 수는 몇 개일까요?

식   답   개

06

한 켤레에 1500원인 양말을 6켤레 살 때, 1000원을 할인해 줍니다. 이때, 내야 할 돈은 얼마일까요?

식   답   원

6 혼합 계산 (2)

문제 사이다 4병, 콜라 2병이 **한 팩으로 묶여 있을 때**
5팩을 샀다면 음료수는 **모두** 몇 병일까?

이런 묶음이

1팩,   2팩,   3팩,   4팩,   5팩

사이다   콜라   식을 이렇게
4병,   2병이   5팩이니까   쓰면 되겠네~

$$4 + 2 \times 5$$

이 식은,   2개씩 5묶음이
4개에   더 있다는 뜻이야~

 + = 4 + 10 = 14

   4   2×5

▶ 개념 익히기 1

덧셈식을 곱셈식으로 나타낼 때, 빈칸을 알맞게 채우세요.

01

$$26 + 26 + 26 + 26 = 26 \times \boxed{4}$$

4번

02

$$914 + 914 + 914 = 914 \times \boxed{}$$

3번

03

$$78 + 78 + 78 + 78 + 78 = 78 \times \boxed{}$$

5번

식을 바르게 세워보자~

우리가 원하는 것은,
이런 묶음이 5개인 거지!

4 + 2   4 + 2   4 + 2   4 + 2   4 + 2

묶음이라는 표시로
괄호를 해!

(4 + 2) × 5

= 6 × 5
= 30   **답** 30병

> **괄호**는 가장 **먼저**
> 계산한다는 약속으로
> 한 덩어리로 생각해!
>
> 괄호가
> 없을 때와 있을 때는
> 계산 결과가 다르니까
> 식을 제대로 세워야 해!
>
> 예) 4 + 2 × 5 = 14
>   (4 + 2) × 5 = 30

▶ **개념 익히기 2**

식에서 묶음을 의미하는 부분에 ○표 하세요.

01 ────────────

17 − (5 + 6)

02 ────────────

(30 − 11) + 4

03 ────────────

49 − (8 + 25)

▶ 개념 다지기 1

그림과 설명을 보고 알맞은 식에 V표 하세요.

01

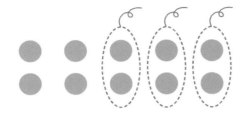

10에서 2씩 3묶음을 빼기

10−2×3　　V

(10−2)×3　　☐

02

5에서 2를 뺀 묶음이 4개

5−2×4　　☐

(5−2)×4　　☐

03

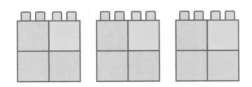

3에 1을 더한 묶음이 3개

(3+1)×3　　☐

3+1×3　　☐

04

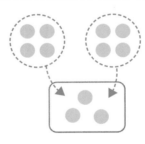

3에 4씩 2묶음을 더하기

3+4×2　　☐

(3+4)×2　　☐

05

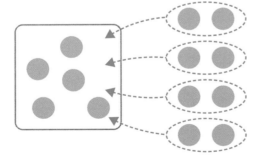

5에 2씩 4묶음을 더하기

(5+2)×4　　☐

5+2×4　　☐

06

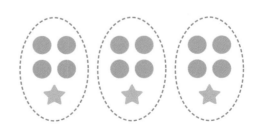

4와 1을 더한 묶음이 3개

(4+1)×3　　☐

4+1×3　　☐

▶ 개념 다지기 2

식을 보고 어울리는 설명에 V표 하세요.

01

$30 - 2 \times 7$

30에서 2씩 7묶음을 빼기 ☑

30에서 2를 빼고, 7씩 묶기 ☐

02

$(7 - 4) \times 5$

7에서 4를 빼고 5를 더하기 ☐

7에서 4를 뺀 묶음이 5개 ☐

03

$(3 + 8) \times 6$

3과 8을 더한 묶음이 6개 ☐

3에 8씩 6묶음을 더하기 ☐

04

$4 \times 2 + 15$

4에 2를 15번 더하기 ☐

4씩 2묶음에 15를 더하기 ☐

05

$(15 + 13) \times 4$

15에 13씩 4묶음을 더하기 ☐

15와 13을 합한 묶음이 4개 ☐

06

$25 - 9 \times 2$

25에서 9를 뺀 묶음이 2개 ☐

25에서 9씩 2묶음을 빼기 ☐

▶ 개념 마무리 1

문장을 읽고, 알맞은 식으로 나타내세요.

01

샤프 2개와 지우개 1개로 된 문구 세트를 6개 샀습니다.

샤프와 지우개의 수 ➡ $\underline{\quad (2+1) \quad}$ $\underline{\quad \times 6 \quad}$

02

흰 티셔츠를 2장씩 5묶음을 사서 친구에게 3장을 주었습니다.

남은 흰 티셔츠의 수 ➡ _____ _____

03

편의점에서 5개씩 3줄로 포장된 사탕을 사고 젤리 20개를 더 샀습니다.

편의점에서 산 사탕과 젤리의 수 ➡ _____ _____

04

배드민턴 채 2개와 셔틀콕 10개가 들어있는 상품을 2개 샀습니다.

배드민턴 채와 셔틀콕의 수 ➡ _____ _____

05

10장씩 들어있는 색종이를 20묶음 사서 비행기 50개를 접어서 날렸습니다.

남은 색종이의 수 ➡ _____ _____

06

한 개에 500원인 요구르트 6개를 사고 1000원짜리 우유를 하나 더 샀습니다.

전체 구매 금액 ➡ _____ _____

▶ 개념 마무리 2

문제에 알맞은 식을 세우고, 답을 구하세요.

01

꽃병 하나에 장미 3송이와 튤립 2송이를 꽂아서 8개의 테이블에 꽃병을 하나씩 놓으려고 합니다. 필요한 꽃은 모두 몇 송이일까요?

식 $(3+2) \times 8 = 40$ 답 40 송이

02

세아는 13살이고, 동생은 세아보다 2살 어립니다. 아버지의 나이는 동생 나이의 4배일 때, 아버지의 나이는 몇 살일까요?

식 _____ 답 _____ 살

03

한 개에 2000원인 화분 6개를 주문하려고 합니다. 배송비가 2500원일 때, 결제할 금액은 얼마일까요?

식 _____ 답 _____ 원

04

연필 3자루와 지우개 6개가 들어있는 상품을 5세트 샀습니다.
구매한 학용품은 모두 몇 개일까요?

식 _____ 답 _____ 개

05

500원짜리 호빵 4개와 600원짜리 찐빵 8개의 가격은 얼마일까요?

식 _____ 답 _____ 원

7 혼합 계산 (3)

> **문제** ▶ 춤 연습 42시간을 6일 동안 ⟨똑같이 나누어서⟩ 하려고 합니다.
> 오늘 오전에 2시간을 했다면, 오후에 몇 시간을 더 해야 할까요?

남은 시간은
빼기로 계산!

나누기는
무엇을 나누는 건지
잘 봐야 해~

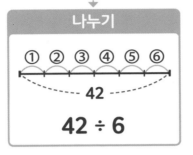

시간과 거리에 대한 문제는 수직선으로 나타내기

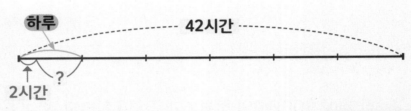

식 ▶ 42 ÷ 6 − 2 = 7 − 2 = 5   **답** ▶ 5시간

▶ 개념 익히기 1

상황에 알맞은 식을 쓰고, 계산해 보세요.

01

11 km인 등산로를 4 km만큼 갔습니다. **얼마나 더** 가야 하나요?

$$11 - 4 = 7 \, (km)$$

02

피아노 연습을 10번 해야 합니다. 6번 연습을 했다면 **얼마나 더** 해야 할까요?

03

7000원이 필요한데 3500원이 있습니다. **얼마가 더** 필요할까요?

▶ 정답 및 해설 12쪽

3413

문제 나와 언니는 만두를 각각 5개씩 만들고, 엄마는 12개를 만들었습니다. 엄마의 만두를 나와 언니가 **똑같이 나누어** 가진다면 내 만두는 **모두** 몇 개일까요?

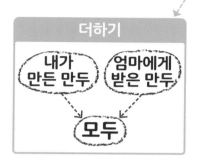

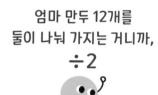

엄마 만두 12개를 둘이 나눠 가지는 거니까, ÷2

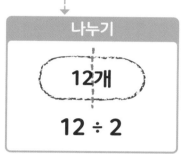

양에 대한 문제는 **동그라미** 그림으로 풀기

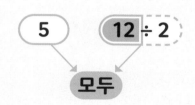

식 5 + 12 ÷ 2
= 5 + 6
= 11

답 11개

▶ **개념 익히기 2**

그림을 보고 **?** 에 알맞은 식을 쓰세요.

01

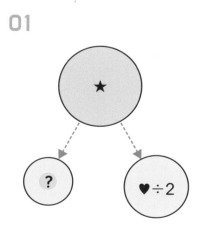

? = ★ − ♥ ÷ 2

02

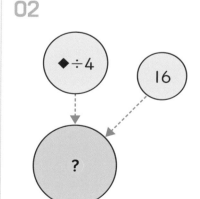

? = _____

03

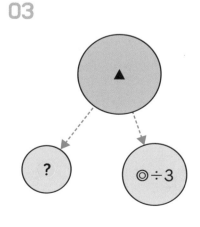

? = _____

▶ 개념 다지기 1

아래의 글을 읽고, 물음에 답하세요.

> 100 km의 거리를 5일 동안 똑같이 나누어 가려고 합니다.
> 오늘 오전에 4 km를 갔다면 오늘 오후에는 몇 km를 더 가야 할까요?

01

구하려는 것으로 알맞은 것에 ○표 하세요.

(오늘 간 , (오늘 더 가야 하는) , 5일 동안 간) 거리

02

전체 거리를 문제에서 찾아 쓰세요.

_____ km

03

글의 내용으로 알맞은 것에 ○표 하세요.

100 km를 하루에 다 간다.	( )
오늘 4 km를 더 가려고 한다.	( )
5일 동안 100 km를 가려고 한다.	( )

04

수직선에 바르게 나타낸 것에 ○표 하세요.

100 km
1일 2일 3일 4일 5일
( )

100 km
4 km 오늘 더 가야 할 거리
( )

05

하루 동안 가야 하는 거리를 구하세요.

식 _____ 답 _____ km

06

오늘 더 가야 하는 거리를 구하세요.

식 _____ 답 _____ km

▶ 개념 다지기 2

문제를 그림으로 알맞게 나타낸 것에 ○표 하세요.

01

도넛 36개를 6모둠이 똑같이 나누어 갖고, 그중에서 우리 모둠이 2개를 먹었습니다. 우리 모둠에 남은 도넛의 양은 얼마일까요?

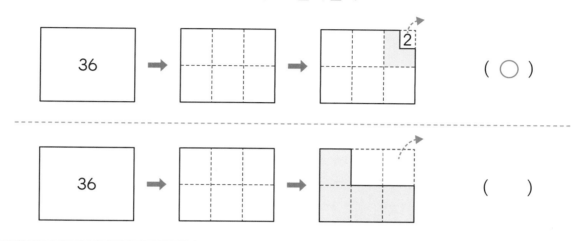

(○)

( )

02

구슬 20개를 갖고 있었는데, 선생님께서 구슬 30개를 나와 친구에게 똑같이 나눠 주었습니다. 내가 가진 구슬은 모두 몇 개일까요?

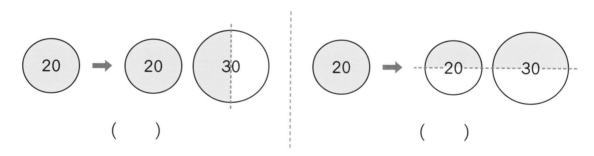

( )   ( )

03

100 m 이어달리기를 하는데, 절반은 내가 달리고 나머지의 반은 선생님이 달렸습니다. 선생님이 달린 거리는 몇 m일까요?

( )

( )

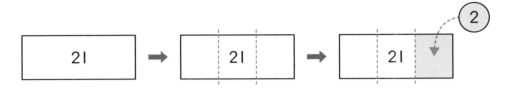

개념 마무리 1

그림에서 색칠한 부분을 식으로 바르게 나타낸 것에 ○표 하세요.

01

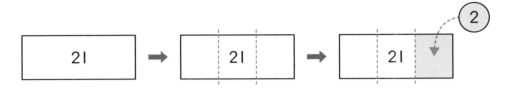

$$21-3+2 \quad (\quad)$$
$$21÷3+2 \quad (\bigcirc)$$

02

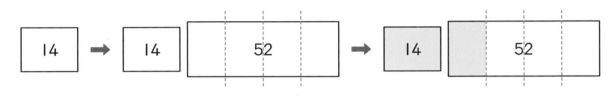

$$14+52÷4 \quad (\quad)$$
$$14×52÷4 \quad (\quad)$$

03

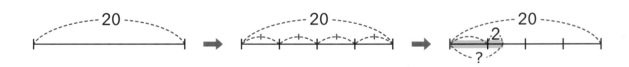

$$20÷4×2 \quad (\quad)$$
$$20÷4+2 \quad (\quad)$$

04

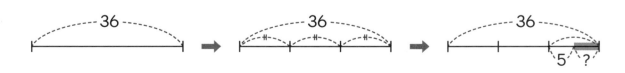

$$36÷3-5 \quad (\quad)$$
$$36÷3÷5 \quad (\quad)$$

3415

▶ 개념 마무리 2

각 상황에 알맞은 그림과 식을 찾아 선으로 연결하세요.

01	**02**	**03**
보석 24개가 있는데 4개씩 사용해서 팔찌를 만들었다. 언니가 같은 팔찌 3개를 주었다면 내가 갖고 있는 팔찌는 모두 몇 개일까?	24에서 4를 2로 나눈 수를 빼면 얼마일까?	꽃 24송이를 꽃병 4개에 똑같이 나누어 꽂았는데, 그중 한 병에서 2송이를 뺐다. 그 꽃병에 남은 꽃은 몇 송이일까?

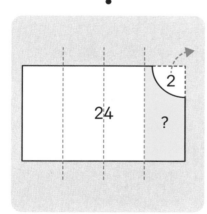

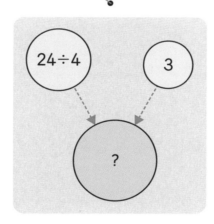

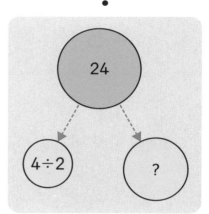

$? = 24 \div 4 + 3$

$? = 24 \div 4 - 2$

$? = 24 - 4 \div 2$

8 혼합 계산 (4)

떡 21개 중에서

21

6개를 먹고

− 6

3접시에 ⁀똑같이⁀ 나누기

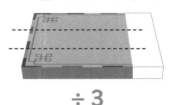

÷ 3

(21 − 6) ÷ 3

( )로 묶인 것은
먼저 계산하라는 의미!

= 15 ÷ 3
= 5

21 − 6 ÷ 3은~
21에서 6 ÷ 3을
빼라는 의미!

$$21 - 6 \div 3$$
$$= 21 - 2$$
$$= 19$$

▶ 개념 익히기 1

식에서 가장 먼저 계산해야 하는 부분에 밑줄을 그으세요.

01

(<u>12 − 4</u>) ÷ 2

02

(30 + 5) ÷ 7

03

48 ÷ (9 − 3)

▶ 정답 및 해설 16쪽

식의 계산 순서

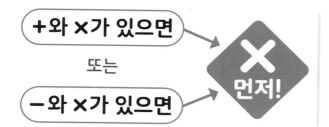

하지만! **( )가 있으면 괄호부터 계산**

$$8 + 12 \div 4 = 11$$

$$(8 + 12) \div 4 = 5$$

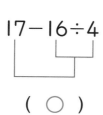 **개념 익히기 2**

식을 보고 계산 순서를 바르게 나타낸 것에 ○표 하세요.

01

$17 - 16 \div 4$

(○)

$17 - 16 \div 4$

( )

02

$(23 + 4) \div 9$

( )

$(23 + 4) \div 9$

( )

03

$18 \times (10 - 5)$

( )

$18 \times (10 - 5)$

( )

계산 순서에 따라 빈칸을 채워서 계산해 보세요.

01

$$(16 + 5) \div 7 = \boxed{3}$$

$$\boxed{21}$$

$$\boxed{3}$$

02

$$30 - 9 \div 3 = \boxed{}$$

$$\boxed{}$$

$$\boxed{}$$

03

$$(23 + 7) \div 6 = \boxed{}$$

$$\boxed{}$$

$$\boxed{}$$

04

$$48 \div 8 + 4 = \boxed{}$$

$$\boxed{}$$

$$\boxed{}$$

05

$$39 \div (11 - 8) = \boxed{}$$

$$\boxed{}$$

$$\boxed{}$$

06

$$54 - 26 \div 2 = \boxed{}$$

$$\boxed{}$$

$$\boxed{}$$

▶ 개념 다지기 2

문장을 읽고 알맞은 식을 찾아 선으로 이으세요.

01

고무줄을 준호는 **6**개, 지수는 **14**개 가지고 있습니다. 지수가 가진 고무줄의 절반을 준호에게 줬을 때, 준호의 고무줄 수는?

• $6+14÷2$

• $(6+14)÷2$

02

도하네 반은 여학생이 **12**명, 남학생이 **18**명입니다. 연필 **120**자루를 반 학생들에게 똑같이 나누어줄 때, 한 사람이 가지는 연필 수는?

• $120÷12+18$

• $120÷(12+18)$

03

공연장에 의자 **100**개를 준비하여 자리를 만들려고 합니다. 한 줄에 **12**개씩 **8**줄이 되게 만들 때, 남는 의자 수는?

• $100-12×8$

• $(100-12)×8$

04

쿠키 **64**개 중에서 **8**개를 먹고, 나머지를 **4**개의 접시에 똑같이 나누어 담을 때, 한 접시에 놓인 쿠키 수는?

• $64-8÷4$

• $(64-8)÷4$

▶ 개념 마무리 1

문장을 식으로 나타내세요.

01

주하는 용돈이 **2000원** 있는데,
삼촌이 주신 **10000원을 언니와 똑같이 나누어 가졌습니다.**

주하가 가진 돈의 총 금액 ➡ <u>2000</u> <u>+10000÷2</u>

02

사탕 **50개에서 8개는 어머니에게 드리고, 나머지 사탕을**
세 자매가 똑같이 나누어 가졌습니다.

자매 중 한 명이 갖는 사탕 수 ➡ _____ _____

03

18000원인 케이크를 할인받아서 반값에 사고,
빵 **2000원어치를 더 샀습니다.**

케이크와 빵을 구매한 금액 ➡ _____ _____

04

색종이 **120장 중에서 30장은 서랍에 넣어두고,**
남은 색종이를 친구 5명에게 나누어 주었습니다.

한 사람에게 주는 색종이 수 ➡ _____ _____

▶ 개념 마무리 2

상황에 알맞은 식을 세우고, 답을 구하세요.

01

식빵 17장이 있습니다. 이 중에서 3장을 먹고, 나머지는 2장씩 사용하여 샌드위치를 만들었습니다. 만든 샌드위치는 몇 개일까요?

식 $(17-3) \div 2 = 7$　　　답 7 개

02

하온이네 반은 남학생이 11명, 여학생이 13명입니다. 6명씩 한 모둠으로 만들면 모두 몇 모둠이 될까요?

식 _____　　　답 _____ 모둠

03

초콜릿 35개를 한 줄에 6개씩 5줄로 상자에 담았습니다. 남은 초콜릿은 몇 개일까요?

식 _____　　　답 _____ 개

04

귤 24개를 삼 형제에게 똑같이 나누어 주었는데, 막내가 2개를 먹었습니다. 막내에게 남은 귤은 몇 개일까요?

식 _____　　　답 _____ 개

05

한 묶음에 20장인 편지지를 4묶음 사고, 그중에서 7장을 꺼내어 사용했을 때, 남은 편지지는 몇 장일까요?

식 _____　　　답 _____ 장

✅ 단원 마무리

1

다음 중 늘어나는 상황을 나타낸 그림에 모두 ○표 하시오.

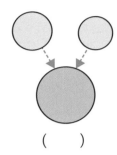

(   )   (   )   (   )

2

1분에 줄넘기를 50회씩 할 때, 5분 동안 줄넘기를 한 횟수를 식으로 바르게 나타낸 것을 찾아 기호를 쓰시오.

| ㉠ 50＋5 | ㉡ 50－5 | ㉢ 50×5 | ㉣ 50÷5 |

3

그림에 가장 어울리는 문장을 찾아 V표 하시오.

☐ 10은 5씩 2묶음입니다.

☐ 10을 2곳으로 나누면 5개씩 묶입니다.

☐ 10에서 2씩 빼면 5번 뺄 수 있습니다.

4

문제를 해결하기 위한 식으로 알맞은 것을 찾아 선으로 이으시오.

과학책이 5권, 영어책이 20권일 때, 영어 책은 과학책보다 몇 권이 더 많을까요? •

• 20＋5

• 20－5

티켓 5장으로 20명이 입장할 때, 티켓 1장 으로 입장 가능한 사람은 몇 명일까요? •

• 20×5

• 20÷5

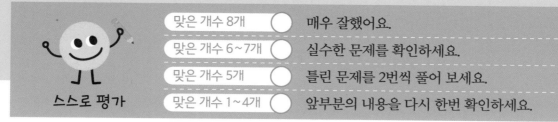

맞은 개수 8개 ⃝ 매우 잘했어요.
맞은 개수 6~7개 ⃝ 실수한 문제를 확인하세요.
맞은 개수 5개 ⃝ 틀린 문제를 2번씩 풀어 보세요.
맞은 개수 1~4개 ⃝ 앞부분의 내용을 다시 한번 확인하세요.

스스로 평가

▶ 정답 및 해설 19~20쪽

5

$1000 \times 6 + 1500$에 어울리는 문장을 찾아 기호를 쓰시오.

> ㉠ 1000원짜리 쿠키 1개와 1500원짜리 음료 6개를 샀을 때의 가격
> ㉡ 1000원짜리 빵 6개를 사고 1500원을 할인받았을 때의 가격
> ㉢ 1000원짜리 음료 6개와 1500원짜리 도넛 1개를 샀을 때의 가격

6

상황을 그림과 식으로 나타냈습니다. 빈칸을 알맞게 채우시오.

> 마스크 20개를 4명이 똑같이 나누어 가졌습니다. 그중에서 한 친구가 3개를 동생에게 주었을 때, 그 친구에게 남은 마스크는 몇 개일까요?

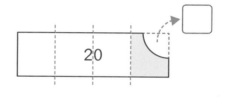

☐ ÷ ☐ − ☐ = ☐

7

찹쌀떡 80개를 주문하여 16개를 빼고 남은 것을 4봉지에 똑같이 나누어 담았습니다. 한 봉지에 담은 찹쌀떡은 몇 개인지 구하는 식과 계산 순서가 옳은 사람의 이름을 쓰시오.

한샘	지은	수영
$80 - 16 \div 4$	$(80 - 16) \div 4$	$(80 - 16) \div 4$

8

한 묶음에 8개인 요구르트 7묶음을 사고, 낱개로 된 요구르트 5개를 더 샀습니다. 구매한 요구르트는 모두 몇 개인지 식을 쓰고 답을 구하시오.

식 _____ 답 _____ 개

서술형으로 확인 🖉

▶ 정답 및 해설 44쪽

1 $13-3=10$을 문장으로 나타낼 때, 서로 다른 2가지 상황을 만들어 보세요.
(힌트: 12~13쪽)

....

....

....

2 김치만두 2봉지와 고기만두 3봉지가 한 묶음으로 된 것을 6묶음 샀습니다.
만두는 모두 몇 봉지인지 나타낸 식을 보고, 틀린 부분을 바르게 고친 후,
계산해 보세요. (힌트: 32~33쪽)

바르게 고친 식:

....

$2+3×6$

....

....

3 구슬 34개 중에서 9개를 형에게 주고, 남은 구슬을 주머니 5개에 똑같이
나누어 담았습니다. 주머니 1개에 들어있는 구슬이 몇 개인지 구하는 식과
계산 순서를 나타내고, 답을 쓰세요. (힌트: 44~45쪽)

....

....

....

잠깐! 서술형으로 쓰기 어려워? 그럼 앞에서 배운 걸 떠올려 봐! 앞에서 찾아보고 적어도 좋아!

식은 수학의 언어

새가 2마리 있는데 1마리가 더 날아옵니다.

➡ 식 : 2+1

식은 수학 세상의 언어야.

식이 가진 뜻을 우리가 평소에 사용하는 말로 바꿀 수 있어.

우리가 사는 세상에서는 모두 다른 상황이라도,

수학 세상에서는 한 가지 식으로 나타낼 수 있는 거야.

식 : 2+1

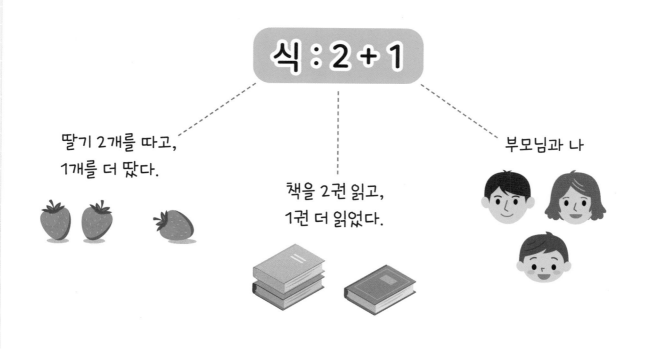

딸기 2개를 따고, 1개를 더 땄다.

책을 2권 읽고, 1권 더 읽었다.

부모님과 나

2

혼합 계산

이번 단원에서 배울 내용

전체 기념품 600개를 3일 동안 관람객에게 매일 똑같은 수만큼 나누어 주려고 하 2전 ... 어린이 50명에게 기념품을 2기 ... 었습 ... 젓 ... 오후에 나누어 줄 수 있는 기념품은 몇 개일까요?

문제 상황

식

식은 단순히 수와 연산 기호를 늘어놓은 것이 아니야.

상황을 수학적으로 표현한 것이 식이지.

그래서 식은 의미를 갖고, 그 의미대로 계산해야 하는 거야.

1 +, −의 혼합 계산 (1)

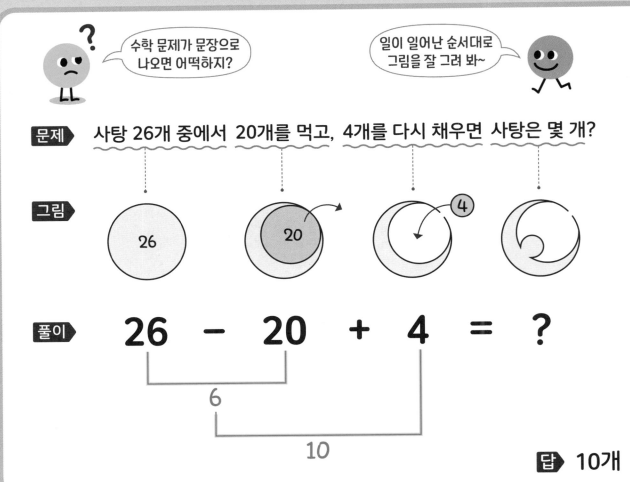

문제 사탕 26개 중에서 20개를 먹고, 4개를 다시 채우면 사탕은 몇 개?

그림

풀이 26 − 20 + 4 = ?

6

10

답 10개

▶ 개념 익히기 1

문장을 그림으로 나타내었습니다. 빈칸을 알맞게 채우세요.

01

접시에 딸기 15개가 있는데
10개를 먹고, 냉장고에서
6개를 더 꺼냈습니다.

02

연필 10자루가 있는데
6자루를 친구들에게 주고,
5자루를 새로 샀습니다.

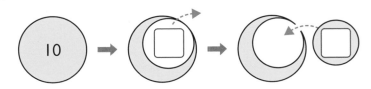

03

버스에 9명이 있었는데
4명이 내리고, 2명이
탔습니다.

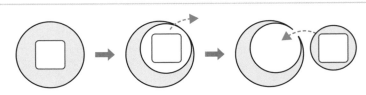

문제 내가 주운 알밤 17개와 엄마가 주운 알밤 28개 중에서 10개를 먹었다. 남은 알밤은?

그림

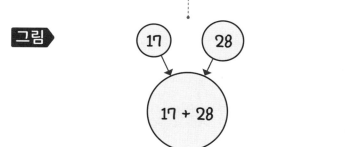
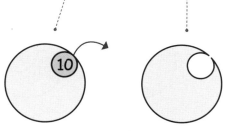

풀이

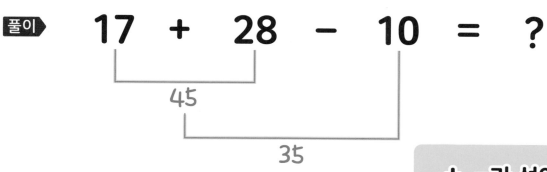

$$17 \quad + \quad 28 \quad - \quad 10 \quad = \quad ?$$

45

35

답 35개

+, −가 섞여 있으면
차례로 계산

▶ 개념 익히기 2

식의 계산 순서를 선으로 나타내세요.

01

$$47 + 39 - 16$$

02

$$100 - 30 + 20$$

03

$$92 + 74 - 100$$

2 +, −의 혼합 계산 (2)

[문제] 초콜릿 36개 중에서 20개를 먹고, 8개를 더 먹으면 남는 개수는?

[풀이]

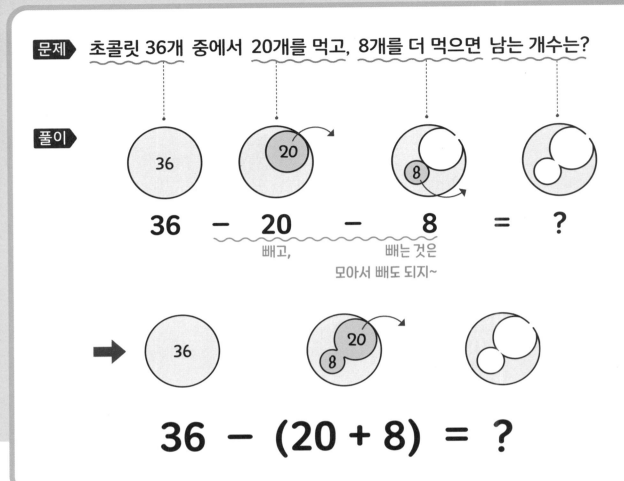

$$36 - 20 - 8 = ?$$

빼고,   빼는 것은
모아서 빼도 되지~

$$36 - (20 + 8) = ?$$

▶ **개념 익히기 1**

두 그림이 같은 뜻이 되도록 빈칸을 알맞게 채우세요.

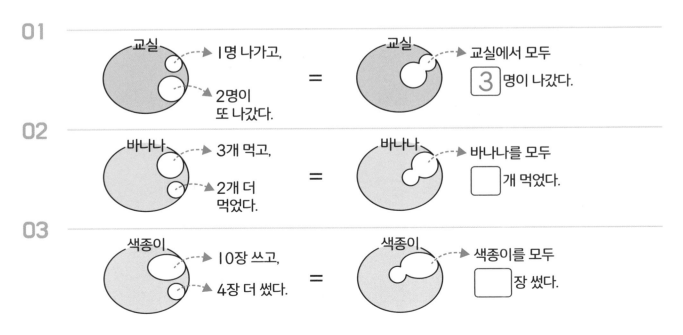

01
교실 → 1명 나가고,
→ 2명이 또 나갔다.
= 교실 → 교실에서 모두 [3]명이 나갔다.

02
바나나 → 3개 먹고,
→ 2개 더 먹었다.
= 바나나 → 바나나를 모두 [ ]개 먹었다.

03
색종이 → 10장 쓰고,
→ 4장 더 썼다.
= 색종이 → 색종이를 모두 [ ]장 썼다.

▶ 정답 및 해설 21쪽

3419

$$36 - 20 - 8 = 8$$
빼고, 빼기!
16
8

$$36 - (20 + 8) = 8$$
합쳐서,
한방에 빼기!
28
8

빼고, 빼기는 앞에서부터
차례로 계산!

( )는 가장 먼저
계산하라는 뜻!

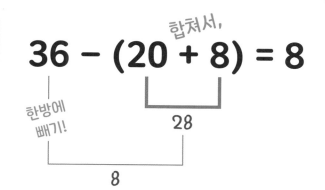

$$(\Box + \triangle) - \bigcirc = \Box + \triangle - \bigcirc$$

$$(\Box - \triangle) - \bigcirc = \Box - \triangle - \bigcirc$$

괄호가 있으나 없으나
계산 순서가 같으면
괄호를 생략해도 돼!

▶ **개념 익히기 2**

계산 순서를 선으로 나타내고, 알맞은 말에 ○표 하세요.

01

$(\bigcirc - \bigcirc) + \bigcirc$

$\bigcirc - \bigcirc + \bigcirc$

➡ 계산 순서가
(같다 , 다르다).

02

$(\bigcirc + \bigcirc) - \bigcirc$

$\bigcirc + \bigcirc - \bigcirc$

➡ 계산 순서가
(같다 , 다르다).

03

$\bigcirc - (\bigcirc - \bigcirc)$

$\bigcirc - \bigcirc - \bigcirc$

➡ 계산 순서가
(같다 , 다르다).

계산 순서를 선으로 나타내고, 계산해 보세요.

01 $30 + 15 - 12 = 33$

       45

          33

02 $24 - 9 + 16$

03 $16 - (8 + 3)$

04 $37 - (8 - 4)$

05 $21 + 17 - 15$

06 $49 - 12 - 7$

▶ 개념 다지기 2

각 상황을 나타낸 그림과 식을 찾아 선으로 연결하세요.

01

학급문고에 책 16권이
있었는데 9권을 더 사온 후,
2권을 빌려주었습니다.
학급문고에 남은 책은
몇 권일까요?

02

냉장고에 요구르트 16개가
있는데 9개를 마신 후,
2개를 더 사왔습니다.
남은 요구르트는 몇 개일까요?

03

학생 16명이 교실에
있었는데 9명이 나가고,
2명이 더 나갔습니다.
교실에 남아있는 학생은
몇 명일까요?

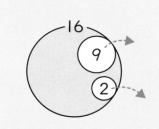

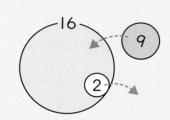

16+9-2

16-9+2

16-9-2

▶ 개념 마무리 1

각 상황을 식으로 나타내고, 물음에 답하세요.

01

생선가게에서 고등어를 오전에
8마리, 오후에 13마리 팔았습니다.

판매한 고등어 수는?
(식으로)
$8+13$

고등어가 24마리 있었다면
남은 고등어는 몇 마리일까요?

남은 고등어 수는?
(식으로)
$24-(8+13)$

답 ___3___ 마리

02

어제 딸기 3개를 먹고,
오늘은 5개를 먹었습니다.

먹은 딸기 수는?
(식으로)
_____

집에 있던 딸기가 12개였다면
먹고 남은 딸기는 몇 개일까요?

남은 딸기 수는?
(식으로)
_____

답 _____ 개

03

영화를 보러 온 관객은 어른
15명과 어린이 36명입니다.

관객 수는?
(식으로)
_____

상영관 좌석 수가 70석이면
남은 좌석은 몇 석일까요?

남은 좌석 수는?
(식으로)
_____

답 _____ 석

04

수아는 10000원이 있었는데
어제 2000원을 쓰고,

어제 쓰고 남은 돈은?
(식으로)
_____

오늘 용돈으로 5000원을
받았습니다. 수아가 가진 돈은
얼마일까요?

수아가 가진 돈은?
(식으로)
_____

답 _____ 원

▶ 정답 및 해설 22~23쪽

3420

▶ 개념 마무리 2

물음에 답하세요.

01

버스에 **12**명이 타고 있었는데 정류장에서 **7**명이 내리고, **9**명이 탔습니다. 버스에 타고 있는 사람은 몇 명일까요?

식 $12 - 7 + 9 = 14$ 답   **14**   명

02

15 cm인 종이띠와 **8 cm**인 종이띠를 겹치지 않게 이어 붙인 후, **20 cm**를 잘라서 리본을 만들었습니다. 남은 종이띠의 길이는 몇 **cm**일까요?

식 _____ 답 _____ cm

03

식빵이 **16**장 있는데, **5**장은 토스트를 하고, **4**장은 샌드위치를 만들어 먹었습니다. 남은 식빵은 몇 장일까요?

식 _____ 답 _____ 장

04

반찬 가게에 반찬 팩 **30**개가 있습니다. 그중에서 **12**개를 사람들이 사갔고, 새로 **5**개를 만들었을 때, 반찬 가게에 남은 반찬 팩은 몇 개일까요?

식 _____ 답 _____ 개

05

진우는 **5000**원으로 **1600**원짜리 핫도그와 **2000**원짜리 음료수를 **1**개씩 사먹었습니다. 진우에게 남은 돈은 얼마일까요?

식 _____ 답 _____ 원

06

7000원짜리 가방을 온라인으로 주문할 때 배송비가 **3000**원이라고 합니다. 통장에 **21000**원이 있을 때, 이 가방을 사고 남은 돈은 얼마가 될까요?

식 _____ 답 _____ 원

3 세 수의 곱

문제▶ 쌓기나무를 4개씩 3줄로 바닥에 놓고 5층까지 똑같이 쌓으면
쌓기나무는 (모두) 몇 개일까요?

더하기!
각 층에 있는 쌓기나무의 수를
모두 더하자~

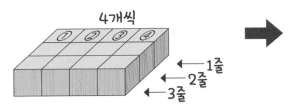

4 × 3 = 12
바닥에 12개!

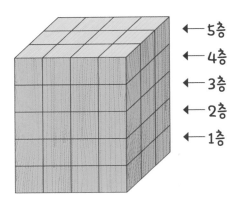

| **1층** (4 × 3) | + | **2층** (4 × 3) | + | **3층** (4 × 3) | + | **4층** (4 × 3) | + | **5층** (4 × 3) |

= (4 × 3) × 5

상자 모양으로
쌓이는 덩어리는 주로
세 수의 곱이야!

= 60(개)

답▶ 60개

▶ 개념 익히기 1

설명을 읽고 쌓기나무가 모두 몇 개인지 구하는 식을 쓰세요.

01

쌓기나무를
2개씩 5줄로
놓은 것을 **3층까지**
똑같이 쌓았어요.

2 × 5 × 3

02

쌓기나무를
4개씩 6줄로
바닥에 놓았어요.

03

쌓기나무를
4개씩 6줄로
놓은 것을 **2층까지**
똑같이 쌓았어요.

▶ 정답 및 해설 24쪽

3421

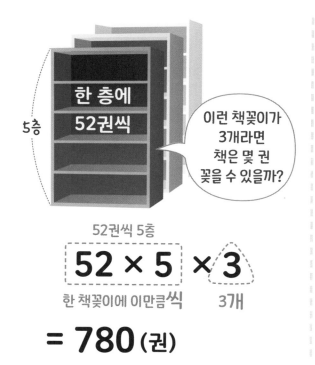

이런 책꽂이가
3개라면
책은 몇 권
꽂을 수 있을까?

5층

한 층에
52권씩

52권씩 5층

$$52 \times 5 \,|\, \times 3$$

한 책꽂이에 이만큼씩 　3개

$$= 780 \,(권)$$

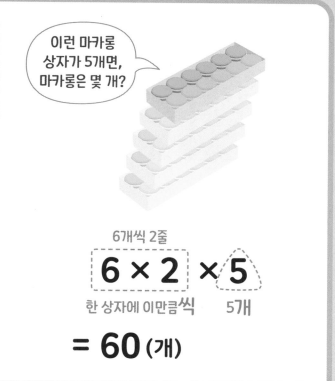

이런 마카롱
상자가 5개면,
마카롱은 몇 개?

6개씩 2줄

$$6 \times 2 \,|\, \times 5$$

한 상자에 이만큼씩 　5개

$$= 60 \,(개)$$

□씩 △개
여기가 곱셈이면, **세 수의 곱셈**

▶ **개념 익히기 2**

그림에 알맞은 곱셈식을 완성하세요.

01

$$3 \times 2 \,|\, \times \boxed{5}$$

3개씩 2줄 　상자

02

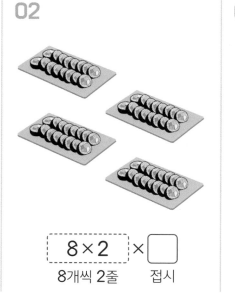

$$8 \times 2 \,|\, \times \boxed{}$$

8개씩 2줄 　접시

03

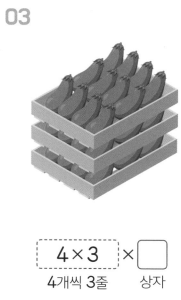

$$4 \times 3 \,|\, \times \boxed{}$$

4개씩 3줄 　상자

4 곱셈식의 계산 순서

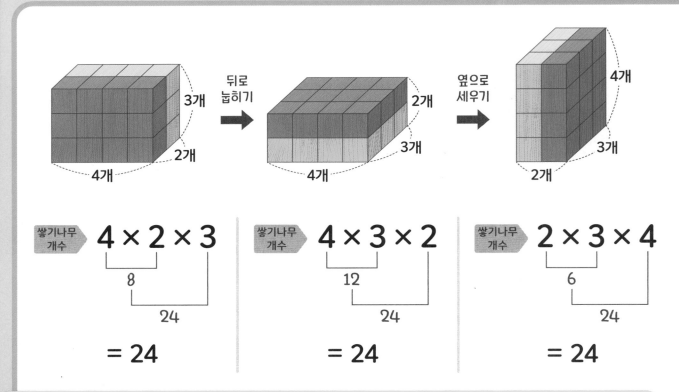

세 수의 곱은
어떤 순서로 곱해도 결과가 같아!

▶ 개념 익히기 1

▲×■×♥＝90일 때, 물음에 답하세요.

01

■×▲×♥＝90

02

▲×♥×■

03

♥×▲×■

▶ 정답 및 해설 24쪽
3422

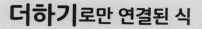

더하기로만 연결된 식

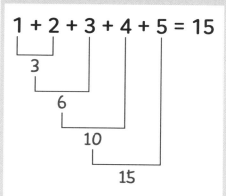

$1 + 2 + 3 + 4 + 5 = 15$

앞에서부터 순서대로 해도 되고,

$1 + 2 + 3 + 4 + 5 = 15$

계산하기 쉬운 것부터 먼저 해도 돼~

더하기처럼,

곱하기로 연결된 것도
계산하기 쉬운 순서대로 계산하면 돼!

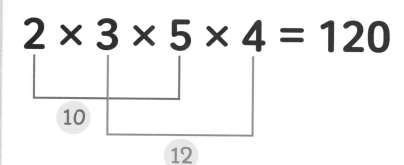

$2 \times 3 \times 5 \times 4 = 120$

계산 결과가
간단해지는 수끼리
짝을 지어 곱하면 되겠다!

▶ 개념 익히기 2

곱하여 **몇십**이 되는 두 수를 찾아 선으로 나타내세요.

01

$3 \times 2 \times 9 \times 5$

10

02

$4 \times 5 \times 7 \times 11$

03

$2 \times 3 \times 15 \times 9$

개념 다지기 1

같은 수를 찾아 선으로 연결하고, 빈칸을 알맞게 채우세요.

01

$$108 \times 12 \times 15 \times 24 \times 31$$

$$= 12 \times 24 \times 15 \times \boxed{108} \times 31$$

02

$$30 \times 26 \times 8 \times 14$$

$$= 8 \times 14 \times 30 \times \boxed{}$$

03

$$23 + 46 + 11 + 25$$

$$= 11 + 23 + \boxed{} + 46$$

04

$$40 \times 21 \times 5 \times 16$$

$$= 5 \times 16 \times \boxed{} \times 40$$

05

$$57 + 13 + 27 + 19 + 32$$

$$= 13 + 27 + 57 + \boxed{} + 32$$

06

$$38 \times 6 \times 20 \times 15 \times 12$$

$$= 6 \times \boxed{} \times 38 \times 12 \times 20$$

▶ 개념 다지기 2

계산 결과가 **몇십**이 되는 두 수를 먼저 찾아 선으로 나타내고, 계산해 보세요.

01

$$3 \times 4 \times 7 \times 5 = 420$$
$$20$$

02

$$9 \times 5 \times 2 \times 11$$

03

$$2 + 14 + 7 + 26$$

04

$$6 \times 7 \times 5 \times 3$$

05

$$24 + 7 + 12 + 38$$

06

$$9 \times 3 \times 8 \times 5$$

주어진 상황과 쌓기나무 개수를 구하는 식이 같은 것끼리 연결하세요.

01

유산균이 15포씩 들어있는 통을 한 상자에 10개씩 담아서 포장했습니다. 상자 4개에 들어있는 유산균은 모두 몇 포일까요?

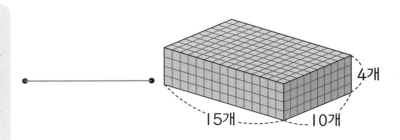

02

철판에 쿠키 반죽을 15개씩 놓고, 4층으로 쌓아 오븐에 구웠습니다. 같은 방법으로 오븐을 5번 사용하여 만든 쿠키는 모두 몇 개일까요?

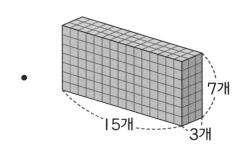

03

윗몸일으키기를 매일 15개씩 3번 했습니다. 일주일 동안 윗몸일으키기를 모두 몇 개 했을까요?

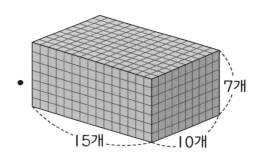

04

받아쓰기 공책은 한쪽이 가로 15칸, 세로 10칸으로 되어 있습니다. 받아쓰기 공책 7쪽은 모두 몇 칸일까요?

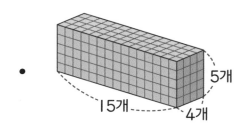

▶ 정답 및 해설 26~27쪽

▶ 개념 마무리 2

물음에 답하세요.

01

100원짜리 동전 10개를 한 묶음으로 하여 9묶음을 만들었을 때, 금액은 모두 얼마일까요?

식 $\quad 100 \times 10 \times 9 = 9000$ 답 $\quad 9000$ 원

02

쌓기나무를 6개씩 4줄로 놓은 것을 7층까지 똑같이 쌓았을 때, 쌓기나무는 모두 몇 개일까요?

식   답   개

03

한 봉지에 레몬 쿠키 3개와 버터 쿠키 2개씩을 포장하여 9봉지를 만들었습니다. 포장된 쿠키는 모두 몇 개일까요?

식   답   개

04

보리차 티백을 큰 상자로 2개를 샀습니다. 큰 상자 안에 작은 상자가 4개 있고, 작은 상자 안에 티백이 30개 있습니다. 구매한 티백은 모두 몇 개일까요?

식   답   개

05

4000원짜리 다이어리 3개를 온라인 주문할 때, 배송비 2500원이 추가됩니다. 그러면 얼마를 내야 할까요?

식   답   원

06

하루에 줄넘기를 50개씩 4번하여 일주일 동안 줄넘기를 한다면 모두 몇 개를 할 수 있을까요?

식   답   개

5 나누고 또 나누기

치즈 24개를 4일 동안
아침, 저녁으로
똑같이 나누어 먹을 거야~

→ 하루에 두 번 먹는 거구나!

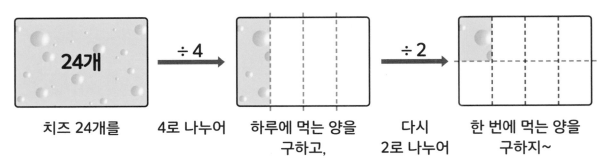

24개

÷ 4

÷ 2

치즈 24개를   4로 나누어   하루에 먹는 양을
구하고,

다시
2로 나누어

한 번에 먹는 양을
구하지~

한 번에
3개씩 먹지~

$24 \div 4 \div 2 = 3$

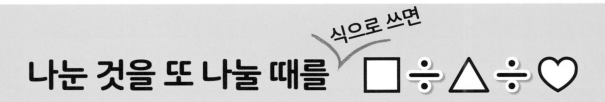

식으로 쓰면

나눈 것을 또 나눌 때를 $\square \div \triangle \div \heartsuit$

▶ 개념 익히기 1

그림을 보고 빈칸을 알맞게 채우세요.

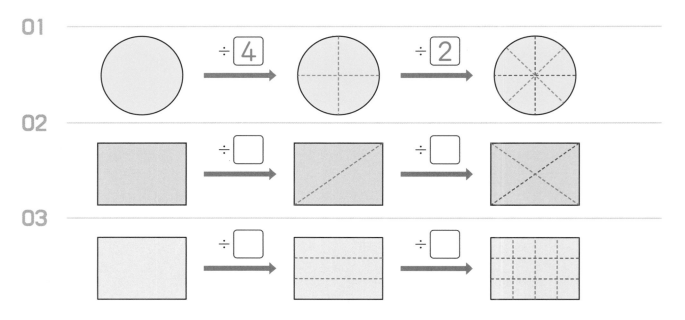

01

÷ 4   ÷ 2

02

÷ □   ÷ □

03

÷ □   ÷ □

▶ 정답 및 해설 28쪽

÷와 ÷는 앞에서부터 차례로 계산!

24 ÷ 4 ÷ 2 = 3

6

3

잘못된 계산!

24 ÷ 4 ÷ 2 = 12

2

12

⚠ 뒤에 나온 ÷를 먼저 계산해야 하는 경우는 괄호를 써!
→ 24 ÷ (4 ÷ 2)

더하고 더하기, 곱하고 곱하기 는 계산 순서에 상관없이 계산할 수 있었지~

하지만 빼고 빼기 는 반드시 앞에서부터 계산해야 했어!

나누고 나누기 도 반드시 앞에서부터 차례로 계산해야 해~

▶ 개념 익히기 2

계산 순서를 바르게 나타낸 것에 ○표 하세요.

01

64 ÷ 8 ÷ 2

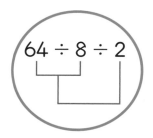

64 ÷ 8 ÷ 2

02

90 ÷ 15 ÷ 3

90 ÷ 15 ÷ 3

03

160 ÷ 20 ÷ 4

160 ÷ 20 ÷ 4

상황을 그림으로 바르게 나타낸 것에 ○표 하세요.

01

전교생을 청팀, 백팀, 홍팀으로 똑같이 나누고, 각 팀을 두 조로 나누었습니다.

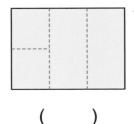 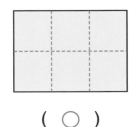

(   )   (○)

02

밭을 반으로 나누어 한쪽에는 배추만 심고, 나머지에는 상추와 고추를 똑같이 나누어 심었습니다.

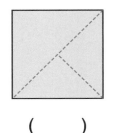 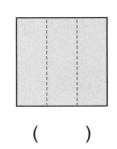

(   )   (   )

03

우리 반은 모둠이 5개이고, 한 모둠에 4명씩 있습니다. 찰흙을 우리 반 학생들에게 똑같이 나누어 주었습니다.

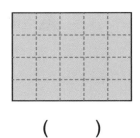 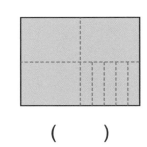

(   )   (   )

04

주스를 3개의 병에 똑같이 나누어 담고, 그중 1병을 골라 4개의 컵에 똑같이 나누어 담았습니다.

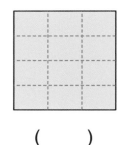 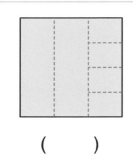

(   )   (   )

05

책을 3칸짜리 책꽂이에 똑같이 나누어 꽂았습니다. 그중 한 칸에 있는 책의 절반은 만화책입니다.

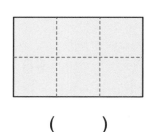 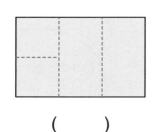

(   )   (   )

▶ 개념 다지기 2

계산 순서가 틀린 것에는 ✕표 하고, 옳은 것에는 빈칸을 알맞게 채우세요.

01

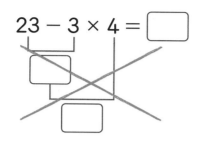

$$17 + 2 \times 5 = \boxed{27}$$

$\boxed{10}$

$\boxed{27}$

02

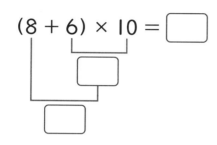

$$22 - 9 - 3 = \boxed{}$$

03

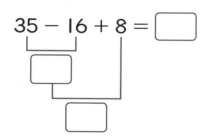

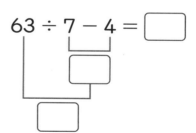

04

$$50 + 32 \div 8 = \boxed{}$$

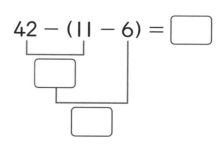

05

$$29 - 15 - 4 = \boxed{}$$

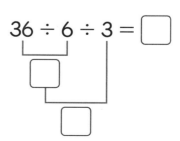

▶ 개념 마무리 1

빈칸을 알맞게 채우고, 식과 답을 쓰세요.

01

구슬 192개를 4명에게 똑같이 나누어 주고, 각자 구슬을 2봉지에 똑같이 나누어 담았습니다. 한 봉지에 담은 구슬은 몇 개일까요?

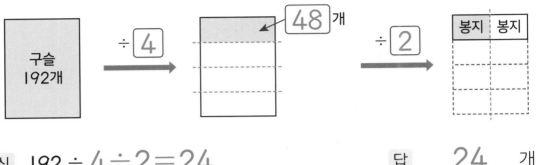

식 $192 \div 4 \div 2 = 24$ 답 24 개

02

벽 24 m²를 이등분하여 한쪽에만 페인트를 칠하려고 합니다. 페인트칠을 할 부분에 노랑, 분홍, 주황, 빨강으로 똑같이 나누어 칠할 때, 빨간색을 칠하는 부분의 넓이는 몇 m²일까요?

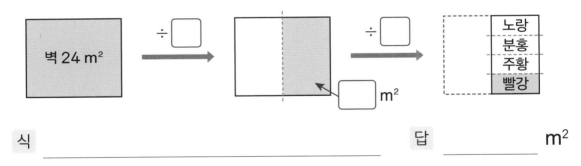

식   답   m²

03

반죽 30 kg을 똑같이 나누어 꽈배기, 도넛, 머핀을 만들려고 합니다. 오늘은 도넛 반죽의 절반만 사용했다면 남은 도넛 반죽은 몇 kg일까요?

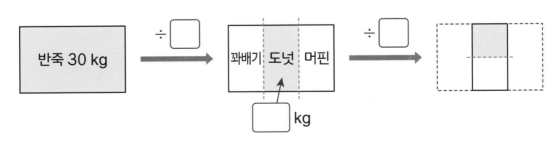

식   답   kg

▶ 정답 및 해설 30~31쪽

3425

▶ 개념 마무리 2

물음에 답하세요.

01

마트에서 사은품으로 물티슈 **600**개를 준비했습니다. **3**일 동안 선착순으로
오전과 오후에 똑같이 나눠 준다면 첫날 오전에는 몇 개를 줄 수 있을까요?

식 $600 \div 3 \div 2 = 100$ 답 100 개

02

인승이는 분식집에 가서 **3000**원짜리 주먹밥과 **4500**원짜리 라면을 먹으려
는데 현금이 **5000**원뿐입니다. 부족한 금액은 얼마일까요?

식 _____   답 _____ 원

03

한 판에 **8**조각인 피자 **3**판을 사서 가족과 함께 **17**조각을 먹었습니다.
남은 피자는 몇 조각일까요?

식 _____   답 _____ 조각

04

군밤 **100**개를 **5**상자에 똑같이 나누어 담고, 한 상자에 든 군밤을 **4**명이
똑같이 나누어 먹었습니다. 한 사람이 먹은 군밤은 몇 개일까요?

식 _____   답 _____ 개

05

가로 **16 cm**, 세로 **9 cm**인 직사각형 **20**개를 겹치지 않게 이어 붙였을 때,
전체 넓이는 몇 cm²일까요?

식 _____   답 _____ cm²

06

초코볼 **48**개를 **4**일 동안 똑같이 나누어 먹으려고 합니다. 오늘 먹을 초코볼
중에서 절반을 먹었다면, 오늘 먹은 초코볼은 몇 개일까요?

식 _____   답 _____ 개

6 ×, ÷의 혼합 계산

20명을 5모둠으로 똑같이 나누면
두 모둠은 모두 몇 명?

20명

$$20 ÷ 5 × 2 = 8$$

한 모둠의 ····▶ 4
사람 수

8

한 반에 20명씩 있는 5개 반의
학생을 두 팀으로 똑같이 나누어
경기를 할 때, 한 팀에 몇 명?

20명 20명 20명 20명 20명

$$20 × 5 ÷ 2 = 50$$

전체 ····▶ 100
학생 수

50

×, ÷가 섞여 있으면 앞에서부터 계산!

▶ **개념 익히기 1**

그림을 보고 빈칸을 알맞게 채우세요.

01

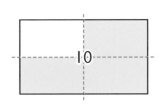

$10 ÷ 4 × \boxed{3}$

02

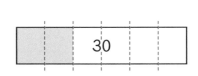

$30 ÷ 6 × \boxed{}$

03

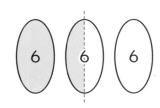

$6 × 3 ÷ \boxed{}$

▶ 정답 및 해설 32쪽

스티커 20개로 카드를 꾸미려고 합니다.
카드 한 장의 앞, 뒷면에 스티커를 각각 5개씩 붙이면
꾸밀 수 있는 카드는 모두 몇 장?

앞면
5개

뒷면
5개

떼서
붙이기

한 장에
5 × 2

$$20 \div (5 \times 2) = 2$$

20에서
(5 × 2)를 몇 번
덜어낼 수 있는지
계산하는 것!

( )가 있으면 항상 ( )부터 계산!

▶ 개념 익히기 2

문제를 해결하기 위한 식을 ÷를 이용하여 나타내세요.

01

100에서 (4×5)를 몇 번 덜어낼 수 있을까?

➡ $100 \div (4 \times 5)$

02

81에서 (3×3)을 몇 번 덜어낼 수 있을까?

➡

03

196에서 (2×7)을 몇 번 덜어낼 수 있을까?

➡

▶ 개념 다지기 1

계산 순서를 선으로 나타내고, 계산해 보세요.

01 $60 \div 4 \times 2 = 30$

    15

       30

02 $15 \times 8 \div 12$

03 $14 + 50 \div 2$

04 $27 \div 3 \times 9$

05 $52 - 26 \div 13$

06 $6 \times 51 \div 3$

▶ 개념 다지기 2

주어진 상황을 그림으로 바르게 나타낸 것을 찾아 선으로 이으세요.

01

쿠키를 한 판에 24개씩 4판을 구워서 남김없이 3상자에 나누어 담았습니다. 한 상자에 들어있는 쿠키는 몇 개일까요?

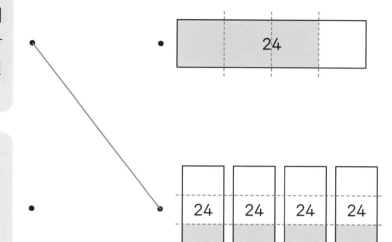

02

체리 24개를 접시 4개에 똑같이 나누어 담았습니다. 접시 3개에 놓인 체리는 모두 몇 개일까요?

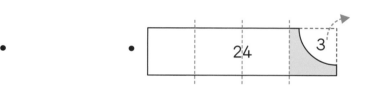

03

색종이 24장을 3명이 똑같이 나누어 가졌는데, 그중에서 2명이 가진 색종이는 모두 몇 장일까요?

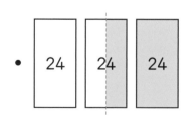

04

한 상자에 24개씩 들어있는 떡 3상자를 사서 친구와 똑같이 나누어 가졌습니다. 친구에게 준 떡은 몇 개일까요?

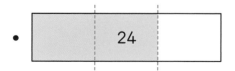

05

장미 24송이를 꽃병 4개에 똑같이 나누어 꽂았는데, 한 곳에서 3송이를 뺐습니다. 그 꽃병에 남은 장미는 몇 송이일까요?

▶ 개념 마무리 1

문장을 읽으며 각 상황을 식으로 쓰고, 물음에 답하세요.

01

마카롱 80개를 상자에 담아 포장하려고 합니다.

전체 마카롱 수는? 　80

한 상자에 마카롱을 4개씩 2줄로 담으면

한 상자에 담긴 마카롱 수는? (식으로) 　4×2

모두 몇 상자가 될까요?

식 $80 \div (4 \times 2) = 10$　답 10 상자

02

구슬 100개를 모둠마다 똑같이 나누어 주려고 합니다.

전체 구슬 수는?

24명을 6명씩 한 모둠이 되게 하면

모둠의 수는? (식으로)

한 모둠이 받는 구슬은 몇 개일까요?

식 　　　　답 　　　　개

03

아몬드 147개가 있습니다.

전체 아몬드 수는?

일주일 동안 하루에 3번씩 똑같이 나누어 먹으려면

일주일 동안 먹는 총 횟수는? (식으로)

아몬드를 한 번에 몇 개씩 먹으면 될까요?

식 　　　　답 　　　　개

04

테이블마다 쿠키를 12개씩 놓으려고 합니다.

한 테이블에 놓는 쿠키 수는?

손님 72명이 한 테이블에 4명씩 앉는다면

테이블 수는? (식으로)

필요한 쿠키는 모두 몇 개일까요?

식 　　　　답 　　　　개

▶ 개념 마무리 2

문제를 읽고 하나의 식으로 나타내고 답하세요.

01

색종이 42장을 삼 형제가 똑같이 나누어 가졌습니다. 첫째 형이 자신의 색종이에 도장을 2번씩 찍는다면 모두 몇 번을 찍게 될까요?

식 $42 \div 3 \times 2 = 28$ 답 __28__ 번

02

찹쌀떡 75개를 상자에 나누어 담으려고 합니다. 한 상자에 5개씩 3줄로 담으면 몇 상자가 될까요?

식 _____   답 _____ 상자

03

비타민 96알을 가족 4명이 똑같이 나누어 먹으려고 합니다. 매일 아침과 저녁에 1알씩 챙겨 먹는다면 며칠 동안 먹을 수 있을까요?

식 _____   답 _____ 일

04

스티커 48개로 카드를 꾸미려고 합니다. 카드 한 장의 앞, 뒷면에 스티커를 각각 6개씩 붙이면 꾸밀 수 있는 카드는 몇 장일까요?

식 _____   답 _____ 장

05

물 16 L를 물통 8개에 똑같이 나누어 담고, 그중에서 3통을 형이 들고 갑니다. 형이 들고 가는 물은 모두 몇 L일까요?

식 _____   답 _____ L

06

한 사람이 한 시간에 종이 액자 5개를 만들 수 있습니다. 종이 액자 100개를 4명이 함께 만든다면 몇 시간이 걸릴까요?

식 _____   답 _____ 시간

7 ＋, −, ×의 혼합 계산

문제

| 식빵이 10장 들어있는 봉지에서 | 식빵을 3장씩 2번 꺼냈다가 | 1장을 다시 넣었다면, | 남아있는 식빵은? |

10

3
3

①

→ **10 − 3 × 2 + 1 = 5**

6

4

5

×를 먼저 계산하고 남은 ＋나 −는 앞에서부터 차례로 계산!

▶ 개념 익히기 1

계산 순서를 선으로 나타내세요.

01

$45 - 10 \times 3 + 7$

02

$16 + 24 - 5 \times 3$

03

$29 + 6 \times 9 - 41$

▶ 정답 및 해설 35쪽

문제 강당에 의자가 한 줄에 10개씩 놓여있습니다. 사람들이 각 줄마다 의자를 3개씩 비우고 앉았더니 2줄이 채워졌습니다.
사람이 한 명 더 들어왔다면, 강당에는 모두 몇 명이 있을까요?

1줄 ⬤⬤⬤⬤⬤⬤⬤◯◯◯ 10-3   +1
2줄 ⬤⬤⬤⬤⬤⬤⬤◯◯◯ 10-3

이만큼씩 2줄 있는 거니까
여기를 제일 먼저 계산!

➡ $(10 - 3) \times 2 + 1 = 15$

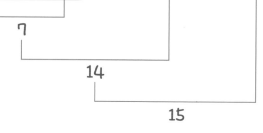

7
14
15

① ( )는 항상 먼저 계산!
② 그 다음은 ×
③ 마지막에 +나 −

▶ 개념 익히기 2

문장을 읽고 식을 바르게 나타낸 것에 V표 하세요.

01

500원짜리 형광펜과 900원짜리 수첩을 각각 4개씩 샀습니다. 모두 얼마일까요?

$500+900\times4$ ☐
$(500+900)\times4$ Ⅴ
$(500+900)\div4$ ☐

02

준호는 11살이고, 형은 준호보다 6살 많습니다. 아버지의 나이는 형 나이의 3배일 때, 아버지는 몇 살일까요?

$11+(6\times3)$ ☐
$(11-6)\times3$ ☐
$(11+6)\times3$ ☐

03

꿀떡 26개가 있는데, 한 접시에 4개씩 5접시에 담으면 남은 꿀떡은 몇 개일까요?

$26-(4\times5)$ ☐
$26-(4+5)$ ☐
$26+(4\times5)$ ☐

8 ＋, －, ÷의 혼합 계산

문제 샌드위치 6개가 있는데 6개

식빵 8장을 2장씩 써서
샌드위치를 더 만들고 .... +4개

그중에서 샌드위치 3개를 먹었다면
남은 샌드위치는 몇 개일까요? .... −3개

식빵 8장을 2장씩 쓰면
➡ 8−2−2−2−2 = 0
        ⌐4번⌐

0이 될 때까지 같은 수를
반복해서 빼는 것은
나눗셈으로 쓸 수 있어!
➡ 8÷2 = 4

샌드위치를 이만큼 만든 것.
그러니까 여기 먼저 계산!

➡ 6 ＋ 8 ÷ 2 − 3 = 7

4

10

7

① ÷를 먼저 계산하고

② 남은 ＋나 −는
앞에서부터 **차례로!**

▶ 개념 익히기 1

문장을 읽고 나눗셈 상황인 것에 V표 하세요.

01

귤 20개를 4개씩
봉지에 담았습니다. ☑

귤 20개에서
4개를 먹었습니다. ☐

02

50 g짜리 구슬
10개의 무게 ☐

구슬 10개가
500 g일 때,
1개의 무게 ☐

03

16 m인 리본을
2 m씩 잘랐습니다. ☐

16 m인 리본
2개를 겹치지 않게
이어 붙였습니다. ☐

▶ 정답 및 해설 36쪽

문제▶ 흑미 6 kg과 백미 8 kg을 섞어서
2 kg씩 봉지에 나누어 담았습니다.
그중에서 3봉지를 사용했다면
남은 것은 몇 봉지일까요?

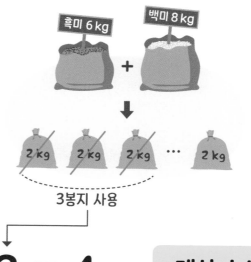

3봉지 사용

6 kg과 8 kg을 합한 것을   2 kg씩 나눈 것!

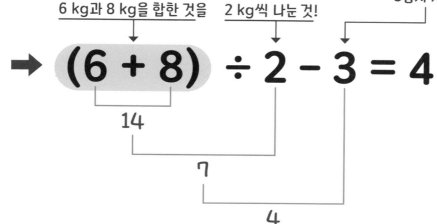

$$\rightarrow (6 + 8) \div 2 - 3 = 4$$

14

7

4

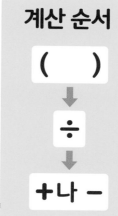

계산 순서

( )
↓
÷
↓
+나 −

▶ 개념 익히기 2

가장 먼저 계산해야 하는 부분을 선으로 나타내고, 그 부분만 계산하여 쓰세요.

01

$$42 - 30 \div (6 + 9)$$

15

02

$$(25 - 5) \div 4 + 17$$

03

$$8 - (12 + 6) \div 3$$

▶ 개념 다지기 1

상황을 연결하여 볼 때 알맞은 식에 ○표 하고, 하나의 식으로 나타내세요.

01

푸드 트럭에서 크림새우 3팩과 칠리새우 2팩을 한 묶음으로 팔 때,	4묶음을 샀습니다.	그중에서 3팩을 먹었다면	남은 팩은 몇 개일까요?
⃝(3+2), 3×2	+4, ⃝×4	⃝−3, ÷3	

➡ $(3+2) \times 4 - 3 = 17$

02

송편을 빚어서 찜통 1층에 15개, 2층에 10개를 놓고 쪘습니다.	찐 송편을 5개의 접시에 똑같이 나누어 담고	그중 한 접시에 있는 송편 2개를 먹었다면	그 접시에 남은 송편은 몇 개일까요?
15−10, 15+10	÷5, ×5	+2, −2	

➡

03

한샘이네 반 학생 30명 중 2명이 결석하고	나머지 학생들이 화단에 꽃을 3송이씩 심었습니다.	담임 선생님이 6송이를 더 심었다면	화단에 심은 꽃은 몇 송이일까요?
30+2, 30−2	×3, +3	×6, +6	

➡

04

보리 4 kg과 쌀 6 kg을 섞어서	한 봉지에 2 kg씩 담았습니다.	그중에서 3봉지를 이웃집에 줬다면	남은 것은 몇 봉지일까요?
4+6, 4×6	÷2, ×2	+3, −3	

➡

▶ 개념 다지기 2

각 상황을 식으로 나타내고, 물음에 답하세요.

01

| 색종이 30장을 6모둠이 똑같이 나누어 가졌습니다. | 그중 수아네 모둠은 3장을 먼저 쓰고 | 선생님에게 1장을 더 받았습니다. | 수아네 모둠에 있는 색종이는 몇 장일까요? |

| 한 모둠이 가진 색종이 수 30÷6 | 수아네 모둠에 남은 색종이 수 30÷6-3 | 수아네 모둠에 있는 색종이 수 30÷6-3+1 |

식 _____   답 _____ 장

02

| 내가 빚은 만두 20개와 오빠가 빚은 만두 22개를 | 3번에 나누어 찌려고 합니다. | 처음에 찐 만두를 접시에 담고 5개를 먹었다면 | 접시에 남은 만두는 몇 개일까요? |

| 전체 만두 수 _____ | 한 번에 찌는 만두 수 _____ | 접시에 남아있는 만두 수 _____ |

식 _____   답 _____ 개

03

| 지아가 가진 달걀 17개 중에서 2개가 깨졌습니다. | 남은 달걀을 친구 5명에게 똑같이 나누어 주었는데, | 그중 한 친구가 달걀 1개를 깨뜨렸다면 | 그 친구에게 남은 달걀은 몇 개일까요? |

| 깨지지 않은 달걀 수 _____ | 한 사람이 갖는 달걀 수 _____ | 달걀을 깨뜨린 친구에게 남은 달걀 수 _____ |

식 _____   답 _____ 개

▶ 개념 마무리 1

각 상황을 식으로 쓰고, 물음에 답하세요.

01

지은이는 한 봉지에 6개씩 들어있는 쿠키 5봉지를 샀습니다.

> 전체 쿠키 수는?
> (식으로)

6×5

그중에서 10개를 먹고

> 먹고 남은 쿠키 수는?
> (식으로)

$6 \times 5 - 10$

쿠키 4개를 더 샀다면

> 가진 쿠키 수는?
> (식으로)

$6 \times 5 - 10 + 4$

지은이가 가진 쿠키는 몇 개일까요?

식 $6 \times 5 - 10 + 4 = 24$ 답 ___24___ 개

02

집에 달걀이 2개 있는데,

> 집에 있던 달걀 수는?

_____

한 팩에 10개씩 들어있는 달걀을 3팩 사왔습니다.

> 집에 있는 전체 달걀 수는? (식으로)

_____

요리할 때 달걀 6개를 사용했다면

> 사용하고 남은 달걀 수는? (식으로)

_____

집에 남은 달걀은 몇 개일까요?

식 _____   답 _____ 개

03

길이가 30 cm인 테이프를 5등분한 것 중의 한 도막과

> 테이프 한 도막의 길이는? (식으로)

_____

길이가 10 cm인 테이프를 연결할 때,

> 연결할 테이프의 길이의 합은? (식으로)

_____

2 cm가 겹치도록 이어 붙였습니다.

> 겹친 부분을 뺀 전체 길이는? (식으로)

_____

이어 붙인 테이프의 전체 길이는 몇 cm일까요?

식 _____   답 _____ cm

▶ 개념 마무리 2

문제를 읽고 하나의 식으로 나타내고 답하세요.

01

복숭아 30개를 연우네 가족 5명과 하온이네 가족 4명에게 한 사람당 3개씩
나누어 주었습니다. 남은 복숭아는 몇 개일까요?

식 $30-(5+4)\times3=3$ 답 _____3_____ 개

02

밭에서 고구마 56개를 캤습니다. 고구마 20개는 우리 집에 가져가고, 나머지는
윗집과 아랫집에 똑같이 나누어 줄 때, 윗집에 주는 고구마는 몇 개일까요?

식 _____   답 _____ 개

03

지아는 귤 4개를 가지고 있습니다. 이때, 오빠가 귤 10개를 가져와서 절반을
지아에게 더 주었습니다. 지아가 가지고 있는 귤은 모두 몇 개일까요?

식 _____   답 _____ 개

04

한아는 1200원짜리 노트 4권을 사고, 대은이는 700원짜리 펜 6자루를 샀습
니다. 한아가 쓴 돈은 대은이가 쓴 돈보다 얼마나 더 많을까요?

식 _____   답 _____ 원

05

한 봉지에 10개씩 담긴 호두과자 5봉지를 사서, 6명이 4개씩 먹었습니다.
남은 호두과자는 몇 개일까요?

식 _____   답 _____ 개

06

공원 입장료가 어른은 1500원이고, 어린이는 1000원입니다. 어른 4명과
어린이 8명의 입장료는 얼마일까요?

식 _____   답 _____ 원

9 ＋, －, ×, ÷의 혼합 계산

문제▶ 선생님이 색종이 80장을

4모둠에 똑같이 나누어 주었습니다. ....

우리 모둠에서는 색종이 2장을 사용하고 .... － ②

추가로 5장씩 2묶음을 더 받았습니다. .... ＋ ⑤×②

우리 모둠이 가지고 있는 색종이는 모두 몇 장일까요?

80장
우리 모둠 | 모둠 모둠 모둠

➡ **80 ÷ 4 － 2 ＋ 5 × 2 ＝ 28**

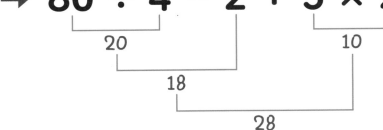

20
18
10
28

식이 아무리 길고 복잡해도
×, ÷ 먼저!
그 다음에 ＋, － 계산!

▶ **개념 익히기 1**
계산 순서에 알맞게 기호를 쓰세요.

01

$$35 － 4 × 7 ＋ 18 ÷ 3$$
㉠ ㉡ ㉢ ㉣

ㄴ, ㄹ, ㄱ, ㄷ

02

$$19 － 14 ＋ 20 ÷ 4 × 5$$
㉠ ㉡ ㉢ ㉣

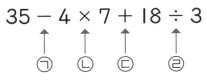

03

$$8 × 15 － 42 ＋ 36 ÷ 6$$
㉠ ㉡ ㉢ ㉣

▶ 정답 및 해설 39쪽

문제 송편을 80개 빚어서 ·············

4통에 똑같이 나누어 담았습니다. ·············

첫째 통에 든 송편을 어른 2명과
어린이 5명이 2개씩 사갔다면

첫째 통에는 송편이 몇 개 남았을까요?

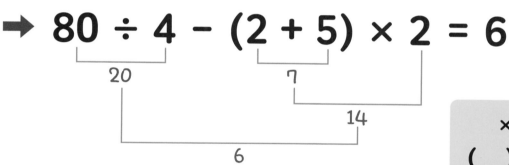

➡ **80 ÷ 4 − (2 + 5) × 2 = 6**

20

7

14

6

×, ÷가 있어도
( )를 제일 먼저
계산하기!

▶ **개념 익히기 2**
가장 마지막에 계산하게 되는 연산 기호에 ○표 하세요.

01

$5 \times 7 - 10 \times 3 \,\textcircled{+}\, 6$

02

$40 + 81 \div (13 - 4) \times 2$

03

$49 - 12 \times 3 + 45 \div 15$

계산 순서를 선으로 나타내고, 계산해 보세요.

01 $(11+7) \div 6 + 4 \times 5 = 23$

18   20

3

23

02 $50 - 32 \div (12+4) \times 7$

03 $29 + 8 \times 12 - 36 \div 9$

04 $6 \times (14-5) \div 3 + 25$

05 $45 + 2 \times (18+27) \div 5$

06 $(68-12) \div 7 + 6 \times 4$

▶ 개념 다지기 2

주어진 상황을 하나의 식으로 나타내려고 합니다. 괄호를 알맞은 곳에 표시하세요.

01

식당에서 오늘 하루만 모든 메뉴를 1000원씩 할인하여 판매하고 있습니다. 5000원짜리 짜장면 4그릇과 2500원짜리 군만두 2접시를 먹었다면 얼마를 내야 할까요?

➡ $(5000 - 1000) \times 4 + (2500 - 1000) \times 2$

02

진우는 11살이고, 동생은 진우보다 3살 어립니다. 어머니의 나이는 동생 나이의 5배보다 2살 많을 때, 어머니의 나이는 몇 살일까요?

➡ $11 - 3 \times 5 + 2$

03

색종이가 37장 있습니다. 선아네 모둠 5명과 용호네 모둠 4명 모두에게 3장씩 나누어줄 때, 남은 색종이는 몇 장일까요?

➡ $37 - 5 + 4 \times 3$

04

300 cm짜리 리본을 20 cm 잘라낸 후, 남은 리본을 4명이 똑같이 나누어 가졌습니다. 이때, 3명이 가진 리본의 길이를 합하면 몇 cm일까요?

➡ $300 - 20 \div 4 \times 3$

05

지호는 지난주에 용돈 5000원을 받고 2000원짜리 저금통을 사서, 남은 용돈의 절반을 저금통에 넣었습니다. 그리고 이번 주에 받은 용돈 5000원을 모두 저금통에 넣었다면 현재 저금통 안에 있는 돈은 얼마일까요?

➡ $5000 - 2000 \div 2 + 5000$

▶ 개념 마무리 1

문제를 해결하기 위한 식을 보기에서 찾아 기호를 쓰세요.

보기

ㄱ 52+4−20×2

ㄴ 52÷4×8+5

ㄷ 10000−1500÷2×5

ㄹ 15000−(1500×4+1000×8)

ㅁ (52+4)÷2−8

ㅂ 1500÷4−1000÷8

---

01 2봉지에 1500원인 젤리 5봉지를 사려고 10000원을 냈습니다. 거스름돈은 얼마일까요?

  ㄷ

02 학생 52명과 선생님 4명이 20인승 버스 2대에 나누어 타고, 나머지는 승합차를 타고 가려고 합니다. 승합차에 탈 사람은 몇 명일까요?

---

03 1500원짜리 아이스크림 4개와 1000원짜리 젤리 8봉지를 사려고 15000원을 냈을 때, 거스름돈은 얼마일까요?

04 엄마는 52살이고 아빠는 엄마보다 4살이 많습니다. 형 나이는 아빠 나이의 절반보다 8살이 적을 때, 형 나이는 몇 살일까요?

---

05 학생 52명을 4명씩 한 모둠으로 만들고, 각 모둠에 색종이를 8장씩 주려고 합니다. 여분으로 5장은 선생님이 갖고 있으려면 색종이는 모두 몇 장이 필요할까요?

06 도화지 1500장을 4묶음으로 똑같이 나누고, 색종이 1000장을 8묶음으로 똑같이 나누었을 때, 도화지 한 묶음은 색종이 한 묶음보다 몇 장이 더 많을까요?

▶ 정답 및 해설 42쪽

▶ 개념 마무리 2

표를 보고 물음에 답하세요.

간식	우유(1컵)	바나나(100 g)	요구르트(1개)	붕어빵(5개)
열량(kcal)	60	90	77	550

※ 단위는 킬로칼로리(kcal)입니다.

<기헌이가 먹은 간식>

붕어빵 2개

<은서가 먹은 간식>

우유 2컵,
바나나 50 g

<다현이가 먹은 간식>

요구르트 1개,
바나나 200 g,
붕어빵 1개

01

기헌이가 먹은 간식의 열량을 구하세요.

식 $550 \div 5 \times 2 = 220$ 답   220   kcal

02

은서가 먹은 간식의 열량을 구하세요.

식   답   kcal

03

다현이가 먹은 간식의 열량을 구하세요.

식   답   kcal

04

내일 간식으로 우유 반 컵과 바나나 600 g을 먹는다면 붕어빵 5개를 먹는 것
보다 열량이 얼마나 더 많은지 구하세요.

식   답   kcal

1

문장을 그림으로 나타내었습니다. 빈칸을 알맞게 채우시오.

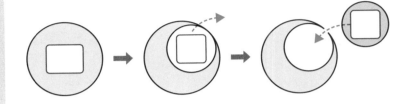

필통에 펜 15자루가 있는데 6자루를 꺼내서 쓰고, 4자루를 다시 넣었습니다.

2

계산 결과가 같은 두 식을 찾아 V표 하시오.

$30-11-5$	$30-(11+5)$	$30-(11-5)$
( )	( )	( )

3

쌓기나무의 개수가 다른 하나를 찾아 ✕표 하시오.

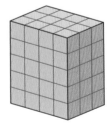 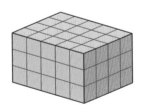 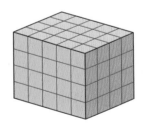 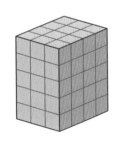

4

반드시 앞에서부터 계산해야 하는 식을 찾아 기호를 쓰시오.

㉠ $6+8\times2$ ㉡ $9-8\div4$
㉢ $10\div5\div2$ ㉣ $5\times7\times6$

▶ 정답 및 해설 43쪽

5

문장에 어울리는 식을 찾아 선으로 연결하시오.

음료수 36개를 나눠줄 때,
4명씩 3모둠이면 한 사람에게
몇 개씩 줄 수 있을까요?

- $36 - 4 \times 3$

- $36 \div 4 \times 3$

- $36 \div (4 \times 3)$

6

계산 순서를 선으로 나타내고, 계산해 보시오.

$$40 - (12 + 5) \times 2$$

7

문장에 어울리도록 ◯ 안에 알맞은 연산 기호를 쓰고, 답을 구하시오.

하은이한테 있는 쿠키 반죽이 50 g뿐이어서 선생님이 반죽 600 g의 절반을 하은이에게 주었습니다. 하은이가 130 g을 사용했다면 남은 반죽은 몇 g일까요?

➡ 50 ◯ 600 ◯ 2 ◯ 130 = ☐ (g)

8

도하는 분식집에서 4개에 8000원인 만두를 3개 사려고 10000원을 냈습니다.
거스름돈은 얼마인지 구하시오.

식 _____ 답 _____ 원

서술형으로 확인 ✏️

▶정답 및 해설 44쪽

1 두 친구의 대화를 읽고, 각자 가진 곶감 수를 곱셈식으로 나타내고 비교하세요.
(힌트: 66~67쪽)

곶감을 한 상자에 5개씩 2줄로 담아서 6상자가 되게 포장하려고 해.

소담

나는 한 상자에 곶감을 6개씩 5줄로 담아서 2상자를 만들 거야~

은혜

식

식

2 박물관에서 기념품 600개를 준비했습니다. 4일 동안 하루에 2번씩 똑같이 나누어 주려면 한 번에 몇 개씩 제공할 수 있는지 2가지 식으로 나타내어 보세요. (힌트: 72, 79쪽)

3 ◯ 안에 알맞은 연산 기호를 써서 식을 완성하고, 계산 순서를 선으로 나타내세요. (힌트: 92~93쪽)

$$5 \times 5 \bigcirc 5 - 5 \bigcirc 5 = 5$$

잠깐! 서술형으로 쓰기 어려워? 그럼 앞에서 배운 걸 떠올려 봐. 앞에서 찾아보고 적어도 좋아!

나물좀 다오?!

나 물 좀 다오!　　　　나 물 좀 다오!

우리가 일상생활에서 사용하는 말은

어떤 것을 한 덩어리로 보느냐에 따라 의미가 달라지지.

식도 마찬가지야! 식에서 한 덩어리로 봐야 하는 것을 쪼개서 보거나,

또는 따로 봐야 하는 것을 엉뚱하게 한 덩어리라고 이해하면

식을 잘못 보게 되는 거지.

식에서는 ( )로 묶인 것, × 또는 ÷로 연결된 것은 한 덩어리야.

그러니까, 식을 볼 때 ( ), ×, ÷로 연결된 것은

한 덩어리로 표시하고 계산하면 실수를 줄일 수 있을 거야.

3

혼합 계산
연습

문장을 식으로 나타내기

▶ 상황에 알맞은 식을 보기에서 찾아 기호를 쓰세요.

보기

ㄱ (23+19)÷7　　　ㄴ 23−19+7　　　ㄷ 23×19+7

ㄹ 23+19−7　　　ㅁ (23−19)×7　　　ㅂ 23×(19−7)

버스에 23명이 타고 있었는데
이번 정류장에서 19명이 내리고, 7명이 탔습니다.
버스에 있는 사람은 몇 명일까요?

한샘이네 반은 여학생이 23명, 남학생이
19명입니다. 오늘 준비물을 안 가져온
학생이 7명이라면 준비물을 가져온
학생은 몇 명일까요?

오전에 수확한 옥수수 23개와 오후에 수확한
옥수수 19개를 7개의 상자에 똑같이 나누어
담았습니다. 한 상자에 담은 옥수수는
몇 개일까요?

한 봉지에 풍선이 23개씩 들어있는데,
그중에서 19개는 색깔 풍선이고, 나머지는
투명 풍선입니다. 7봉지에 들어있는
투명 풍선은 모두 몇 개일까요?

▶ 상황에 알맞은 식을 찾아 V표 하세요.

① ────────────────────────────

곶감 36개가 있는데, 나와 동생이 3개씩 먹었습니다. 남은 곶감을 5개의 접시에 똑같이 나누어 담으면, 한 접시에 담긴 곶감은 몇 개일까요?

$36 - (2 \times 3) \div 5$ ☐

$36 - (2 + 3) \div 5$ ☐

$(36 - 2 \times 3) \div 5$ ☐

② ────────────────────────────

역사책 22권, 과학책 15권, 영어책 14권을 3층짜리 책꽂이에 똑같이 나누어 꽂으려고 합니다. 한 층에 몇 권씩 꽂을 수 있을까요?

$(22 + 15 + 14) \div 3$ ☐

$22 + 15 + 14 \div 3$ ☐

$(22 + 15 + 14) \times 3$ ☐

③ ────────────────────────────

밥 1인분을 짓는 데 필요한 쌀은 120 g입니다. 밥을 매일 3인분씩 일주일 동안 짓는 데 필요한 쌀은 몇 g일까요?

$120 \times 3 \div 7$ ☐

$120 \times 3 \times 7$ ☐

$120 \div 3 \times 7$ ☐

④ ────────────────────────────

올해 세아의 나이는 12살입니다. 5년 후에는 할머니의 나이가 세아 나이의 4배보다 2살 더 많을 때, 5년 후 할머니의 나이는 몇 살일까요?

$(12 + 5) \times (4 + 2)$ ☐

$12 + 5 \times 4 + 2$ ☐

$(12 + 5) \times 4 + 2$ ☐

⑤ ────────────────────────────

56 cm인 끈을 4등분한 것 중 한 도막과 72 cm인 끈을 6등분한 것 중 한 도막을 5 cm가 겹치도록 이어 붙였습니다. 이어 붙인 끈의 전체 길이는 몇 cm일까요?

$56 \div 4 - 72 \div 6 + 5$ ☐

$56 \div 4 + 72 \div 6 - 5$ ☐

$56 \div 4 + 72 \div 6 + 5$ ☐

▶ 상황을 식으로 나타낼 때, ◯ 안에 알맞은 연산 기호를 쓰세요.

① ─────────────────────────────────

할머니가 식혜 **2400 mL**를 만들었습니다. 병 **4**개에 똑같이 나누어 담아 그중에
한 병을 **3**일 동안 나누어 마신다면, 하루에 몇 **mL**씩 마실 수 있을까요?

➡ 2400 ◯ 4 ◯ 3

② ─────────────────────────────────

토마토 **207**개를 **9**상자에 똑같이 나누어 담았습니다. 그중에서 상자 **4**개에
담은 토마토는 몇 개일까요?

➡ 207 ◯ 9 ◯ 4

③ ─────────────────────────────────

비누 **1**개의 무게는 **120 g**이고, 치약 **4**개의 무게는 **600 g**입니다.
비누 **3**개와 치약 **1**개의 무게를 합하면 몇 **g**일까요?

➡ 120 ◯ 3 ◯ 600 ◯ 4

④ ─────────────────────────────────

주스 **840 mL**를 **7**컵에, 우유 **900 mL**를 **6**컵에 각각 똑같이 나누어 담았습
니다. 우유 **1**컵의 양은 주스 **1**컵의 양보다 몇 **mL** 더 많을까요?

➡ 900 ◯ 6 ◯ 840 ◯ 7

⑤ ─────────────────────────────────

미나는 **3000**원을 가지고 빵집에 갔습니다. **1**개에 **1100**원인 크림빵 **2**개와
5개에 **8000**원인 초코빵 **1**개를 사려면 얼마가 더 필요할까요?

➡ 1100 ◯ 2 ◯ 8000 ◯ 5 ◯ 3000

▶ 알맞은 곳에 괄호를 표시하여 식을 바르게 완성하세요.

① _____

예나는 올해 11살이고, 동생은 예나보다 3살 어립니다. 아버지의 나이는 동생 나이의 5배보다 2살 많습니다. 아버지의 나이는 몇 살일까요?

➡ $11 - 3 \times 5 + 2$

② _____

마카롱이 45개 있습니다. 여학생 5명과 남학생 6명이 각각 3개씩 먹었을 때, 남은 마카롱은 몇 개일까요?

➡ $45 - 5 + 6 \times 3$

③ _____

공장에서 머리띠 120개를 생산하여 불량품 15개를 제외하고 7개의 상자에 똑같이 나누어 담았습니다. 그중 2상자에 들어있는 머리띠는 몇 개일까요?

➡ $120 - 15 \div 7 \times 2$

④ _____

하준이는 1800원짜리 빵 3개와 1200원짜리 음료 2개를 사고 10000원을 냈습니다. 거스름돈은 얼마일까요?

➡ $10000 - 1800 \times 3 + 1200 \times 2$

⑤ _____

준혁이네 반 학생은 남학생이 13명, 여학생이 15명입니다. 11명씩 2팀을 만들어 피구를 하고, 피구를 하지 않는 학생들의 절반은 다른 반 학생 4명과 함께 응원을 했습니다. 응원을 한 학생은 몇 명일까요?

➡ $13 + 15 - 11 \times 2 \div 2 + 4$

상황을 연결하여 볼 때, ○ 안에 알맞은 연산 기호를 쓰고, 하나의 식으로 나타내세요. (계산은 안 해도 됩니다.)

①

노란 풍선 30개와 초록 풍선 26개가 있습니다.

30 ○ 26

풍선을 똑같이 4개의 반에 나눠 줬는데,

○ 4

한 반에서 3개가 터졌다면

○ 3

그 반에 남은 풍선은 몇 개일까요?

➡ _____

②

두나가 500원짜리 동전 40개를 모으고

500 ○ 40

태선이가 1000원짜리 지폐 7장을 모았습니다.

1000 ○ 7

두 친구가 모은 돈으로 21000원짜리 케이크를 샀을 때,

○ 21000

남은 돈은 얼마일까요?

➡ _____

③

체리 74개가 있습니다.

74

남학생 6명과 여학생 8명이

6 ○ 8

5개씩 먹었을 때,

○ 5

남은 체리는 몇 개일까요?

➡ _____

④

39 cm인 끈을 3등분 한 것 중 한 도막과

39 ○ 3

52 cm인 끈을 4등분 한 것 중 한 도막을

52 ○ 4

3 cm가 겹치도록 이어 붙였습니다.

○ 3

이어 붙인 끈의 전체 길이는 몇 cm일까요?

➡ _____

▶ 상황을 식으로 나타낼 때, 식에서 틀린 부분을 바르게 고치세요.

① ─────────────────────────────

준우는 동화책을 어제, 오늘 **50**쪽씩 읽어서 한 권을 다 읽었습니다.
동생이 이 책을 매일 **20**쪽씩 읽는다면 며칠이 걸릴까요?

➡ $50 \times 2 \times 20$

② ─────────────────────────────

꿀떡 **41**개 중에서 나와 동생이 **3**개씩 먹고, 남은 떡을 **5**접시에 똑같이 나누어
담았습니다. 한 접시에 담은 꿀떡은 몇 개일까요?

➡ $(41 - 2 + 3) \div 5$

③ ─────────────────────────────

유미는 사과를 **37**개 땄고, 다은이는 **31**개, 성민이는 **56**개 땄습니다.
세 친구가 딴 사과를 **4**개의 상자에 똑같이 나누어 담을 때, 한 상자에 담은
사과는 모두 몇 개일까요?

➡ $37 + 31 + 56 \times 4$

④ ─────────────────────────────

단팥 호빵 **21**개와 야채 호빵 **18**개가 있습니다. 종류에 상관없이 **3**개씩 접시에
담은 후에, 두 접시를 먹었습니다. 남은 호빵은 몇 접시일까요?

➡ $21 + 18 \times 3 - 2$

⑤ ─────────────────────────────

소율이는 쿠키를 한 판에 **15**개씩 **3**판 굽고, 추가로 **11**개를 더 구웠습니다.
만든 쿠키를 남김없이 **7**상자에 똑같이 나누어 담을 때, 한 상자에 들어있는
쿠키는 몇 개일까요?

➡ $15 \times 3 - 11 \div 7$

각 상황을 식으로 나타내세요. (계산은 안 해도 됩니다.)

① ──────────────────────

아리는 올해 13살이고, 동생
은 아리보다 2살 어립니다.

동생의 나이는?

_____

아버지의 나이는 동생 나이의
4배보다 3살 많습니다.
아버지는 몇 살일까요?

아버지의 나이는?

_____

② ──────────────────────

크림빵은 4개에 5200원,

크림빵 1개의 가격은?

_____

꽈배기는 8개에 7200원
입니다.

꽈배기 1개의 가격은?

_____

크림빵 1개는 꽈배기 1개
보다 얼마나 더 비쌀까요?

크림빵과 꽈배기의
가격 차이는?

_____

③ ──────────────────────

색종이 39장을 준호네 모둠
4명과 서아네 모둠 5명에게

색종이를 받을
학생 수는?

_____

3장씩 나누어 주었습니다.

나누어 준
색종이의 수는?

_____

남은 색종이는 몇 장일까요?

남은 색종이의 수는?

_____

④ ──────────────────────

한번에 빨간 목도리 10개와
초록 목도리 12개를 짜는 데
16분이 걸리는 기계가 있습
니다.

한번에 짤 수 있는
목도리의 수는?

_____

기계를 몇 번
작동시켜야 하나?

_____

이 기계로 색깔 상관없이
목도리 88개를 짜려면
몇 분이 걸릴까요?

목도리 88개를
짜는 데 걸리는 시간

_____

▶ 상황에 알맞게 식을 세우세요. (계산은 안 해도 됩니다.)

① 민기는 마카롱을 한 판에 24개씩 4판을 구워서 6상자에 똑같이 나누어 담았습니다. 한 상자에 든 마카롱은 몇 개일까요?

식 _____

② 한 봉지에 8개 들어있는 붕어빵을 2봉지 사서, 가는 길에 4개를 먹었습니다. 남은 붕어빵은 몇 개일까요?

식 _____

③ 한 판에 30개씩 들어있는 달걀을 3판 사서, 5개의 바구니에 똑같이 나누어 담았습니다. 한 바구니에 담긴 달걀은 몇 개일까요?

식 _____

④ 김치만두 32개와 고기만두 38개가 있습니다. 종류에 상관없이 7개의 접시에 똑같이 나누어 담으면 한 접시에 놓인 만두는 몇 개일까요?

식 _____

⑤ 도서관에 책이 765권 있습니다. 그 중에서 124권은 빌려갔고, 새 책이 하루에 30권씩 이틀 동안 들어왔습니다. 이때, 도서관에 있는 책은 모두 몇 권일까요?

식 _____

⑥ 학교 장터에서 모자는 1개에 500원, 물총은 4개에 5000원에 팔고 있습니다. 모자 1개와 물총 1개를 사려고 3000원을 냈을 때, 거스름돈은 얼마일까요?

식 _____

복잡한 계산하기

▶ 계산해 보세요.

① $9 \times (5 + 14 \div 2)$

② $37 - 15 \div (24 \div 8)$

③ $18 \div (16 - 7) \times 3$

④ $(6 \times 3 + 46) \div 8$

⑤ $31 + 3 \times 15 \div 9 - 4$

⑥ $5 \times (72 \div 8 + 6) - 28 \div 7$

▶ 계산 결과가 옳은 것에 ○표, 틀린 것에 ✕표 하세요.

$78-5\times(9+6)=3$ ☐

$63\div(35-7\times4)=9$ ☐

$11+2\times8-10=94$ ☐

$11+(12\times5-48\div6)=13$ ☐

$(56+24)\div5-4\times3=4$ ☐

$9\times(5+6)\div3=66$ ☐

계산 결과가 같은 것끼리 선으로 이으세요.

① $75÷(5×3)$ •

• $48÷(9+3)÷2$

② $90÷15÷3$ •

• $26-3×7$

③ $3×5+4×6$ •

• $85-(4×9+3×8)$

④ $10+20÷2$ •

• $45-5×(30÷6)$

⑤ $11+4×7÷2$ •

• $32+(59-10)÷7$

▶ 계산 결과가 큰 것부터 차례대로 글자를 써서 단어를 만들어 보세요.

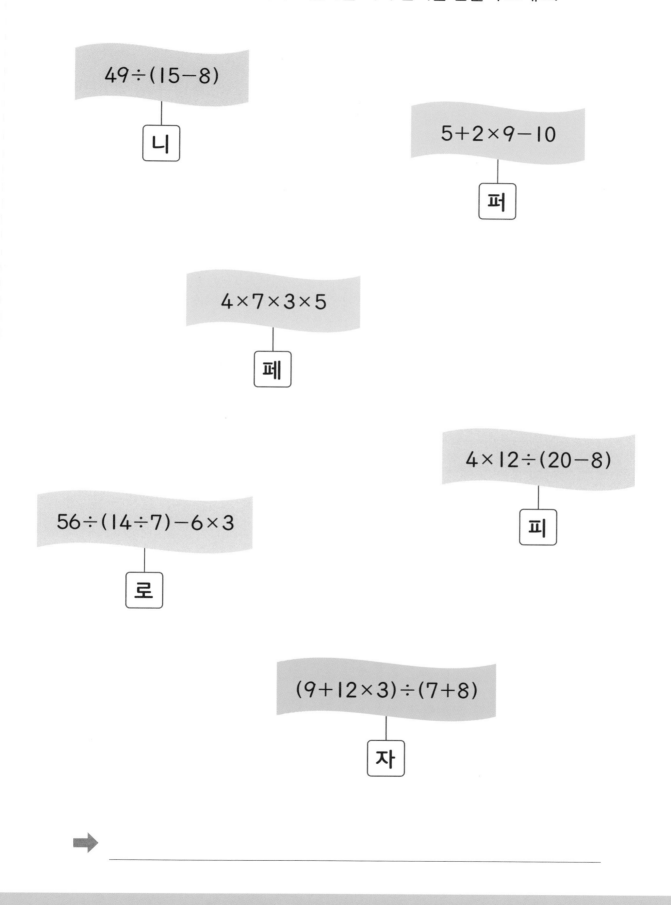

$49 \div (15 - 8)$

니

$5 + 2 \times 9 - 10$

퍼

$4 \times 7 \times 3 \times 5$

페

$4 \times 12 \div (20 - 8)$

피

$56 \div (14 \div 7) - 6 \times 3$

로

$(9 + 12 \times 3) \div (7 + 8)$

자

문제 해결하기

▶ 식을 세우고 답을 구하세요.

① ─────────────────────────────────

5 m짜리 색 테이프를 196 cm만큼 사용했습니다. 그리고 남은 색 테이프에
80 cm짜리 색 테이프를 겹치지 않게 이어 붙였다면 전체 길이는 몇 cm일까요?

식 _____   답 _____ cm

② ─────────────────────────────────

남학생 65명과 여학생 59명이 체육관에 있습니다. 학생들이 한 줄에 4명씩
서면 모두 몇 줄이 될까요?

식 _____   답 _____ 줄

③ ─────────────────────────────────

도넛 84개를 한 상자에 6개씩 2줄로 담아 포장하려고 합니다. 상자는 몇 개
필요할까요?

식 _____   답 _____ 개

④ ─────────────────────────────────

예은이는 10살이고, 언니는 예은이보다 4살 많습니다. 아버지의 나이는 언니
나이의 3배보다 2살 많습니다. 아버지의 나이는 몇 살일까요?

식 _____   답 _____ 살

▶ 정답 및 해설 56~57쪽

⑤

은수네 반 학생들은 종이학을 1분에 2개씩 접을 수 있습니다. 반 학생 6명이 종이학 300개를 접으려면 몇 분이 걸릴까요?

식 _____   답 _____ 분

⑥

호박전 37개와 육전 35개를 만들었습니다. 종류에 상관없이 한 접시에 10개씩 5접시에 담았을 때 남은 전은 몇 개일까요?

식 _____   답 _____ 개

⑦

장미 30송이 중에서 11송이씩 꽃다발 2개를 만들고, 남은 장미는 다른 꽃 7송이와 함께 꽃바구니를 만들었습니다. 꽃바구니에 사용된 꽃은 몇 송이일까요?

식 _____   답 _____ 송이

⑧

색종이가 15장 있는데 선생님이 20장을 더 주셨습니다. 친구 5명이 각자 6장씩 사용했다면 남은 색종이는 몇 장일까요?

식 _____   답 _____ 장

⑨

옷을 만드는 공장에서 하루에 105벌의 바지를 만듭니다. 4일 동안 만든 바지를
한 상자에 12벌씩 똑같이 나누어 담으면 몇 상자에 담을 수 있을까요?

식 _____ 답 _____ 상자

⑩

볼펜 180자루 중에서 불량품 12자루를 버리고, 한 명당 볼펜을 3자루씩 나누어
주면 몇 명에게 나누어 줄 수 있을까요?

식 _____ 답 _____ 명

⑪

1시간 동안 케이크 12개에 크림 장식을 할 수 있는 기계가 있습니다.
이 기계 8대로 케이크 288개에 크림 장식을 한다면 몇 시간이 걸릴까요?

식 _____ 답 _____ 시간

⑫

과수원에서 작년에는 배를 382개 수확했고, 올해는 작년보다 149개를 더 많이
수확했습니다. 올해 수확한 배를 9상자에 똑같이 나누어 담으면, 한 상자에 담긴
배는 몇 개일까요?

식 _____ 답 _____ 개

▶ 정답 및 해설 58~59쪽

⑬

현우는 문구점에서 학용품을 사려고 1000원짜리 지폐 4장과 100원짜리 동전 8개를 냈습니다. 현우가 낸 돈은 얼마일까요?

식 _____   답 _____ 원

⑭

방울토마토가 56개 있습니다. 남학생 3명과 여학생 4명이 각각 6개씩 먹었을 때, 남은 방울토마토는 몇 개일까요?

식 _____   답 _____ 개

⑮

학교 댄스부에 여학생은 14명이 있고, 남학생은 여학생의 2배보다 10명 적게 있습니다. 댄스부 학생들을 똑같이 8팀으로 나누어 안무 연습을 한다면 한 팀은 몇 명일까요?

식 _____   답 _____ 명

⑯

공책 한 권은 1200원, 연필 한 타는 4800원입니다. 예서가 공책 2권과 연필 한 자루를 사려고 5000원을 냈을 때, 받은 거스름돈은 얼마일까요? (단, 연필 1타는 12자루입니다.)

식 _____   답 _____ 원

재미있는 수학식

문제1

선을 한 번만 그어서 올바른 식을 만드세요.

5 + 5 + 5 = 550

문제2

올바른 식이 되도록 빈칸을 알맞게 채우세요.

4 □ 2 + 1 □ 8 = 6

문제3

1~9까지의 숫자를 한 번씩만 사용하여 빈칸을 알맞게 채우세요.

□ − □ = □
　　　　　+
□ ÷ □ = □
　　　　　‖
□ + □ = □

▶ 정답 및 해설 60쪽

교육 R&D에 앞서가는
KC 키출판사

초등수학

문장제

개념이 먼저다

정답 및 해설

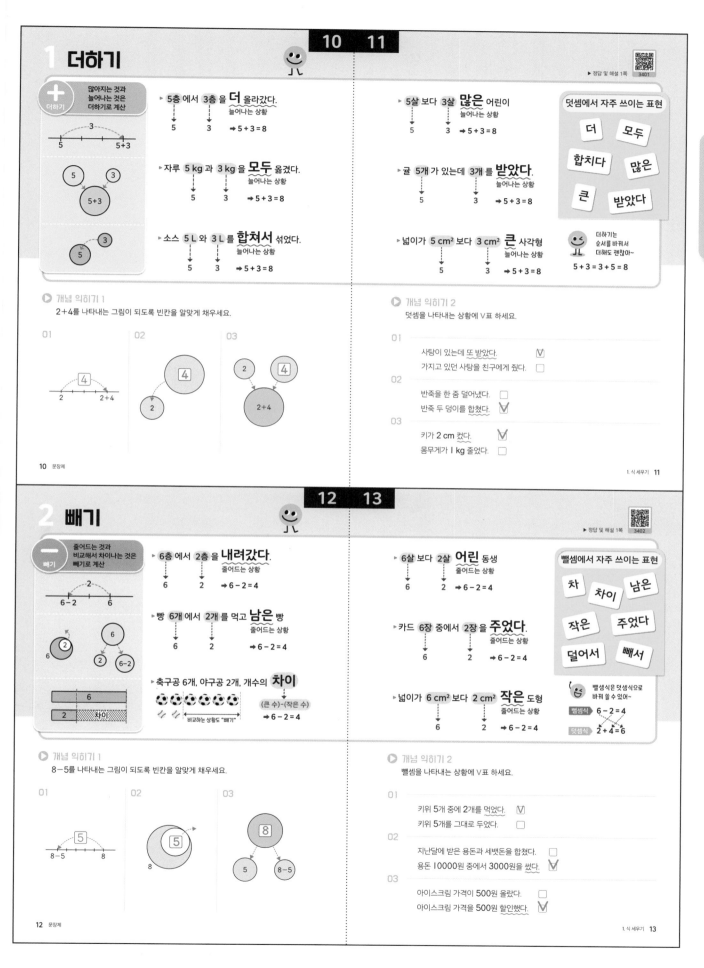

1 더하기

10　11

> ▶ 정답 및 해설 1쪽　3401

많아지는 것과 늘어나는 것은 더하기로 계산

- 5층 에서 3층 을 **더** 올라갔다.
  늘어나는 상황
  5　3　➡ 5 + 3 = 8

- 자루 5 kg 과 3 kg 을 **모두** 옮겼다.
  늘어나는 상황
  5　3　➡ 5 + 3 = 8

- 소스 5 L 와 3 L 를 **합쳐서** 섞었다.
  늘어나는 상황
  5　3　➡ 5 + 3 = 8

- 5살 보다 3살 **많은** 어린이
  늘어나는 상황
  5　3　➡ 5 + 3 = 8

- 귤 5개 가 있는데 3개 를 **받았다**.
  늘어나는 상황
  5　3　➡ 5 + 3 = 8

- 넓이가 5 cm² 보다 3 cm² **큰** 사각형
  늘어나는 상황
  5　3　➡ 5 + 3 = 8

덧셈에서 자주 쓰이는 표현

더　모두　합치다　많은　큰　받았다

더하기는 순서를 바꿔서 더해도 괜찮아~
5 + 3 = 3 + 5 = 8

▶ 개념 익히기 1

2+4를 나타내는 그림이 되도록 빈칸을 알맞게 채우세요.

01　2 ⌢4⌢ 2+4

02　4 ← 2 의 그림 (4)

03　2 → 4 → 2+4

▶ 개념 익히기 2

덧셈을 나타내는 상황에 ∨표 하세요.

01
사탕이 있는데 또 받았다. ☑
가지고 있던 사탕을 친구에게 줬다. ☐

02
반죽을 한 줌 덜어냈다. ☐
반죽 두 덩이를 합쳤다. ☑

03
키가 2 cm 컸다. ☑
몸무게가 1 kg 줄었다. ☐

2 빼기

12　13

> ▶ 정답 및 해설 1쪽　3402

줄어드는 것과 비교해서 차이나는 것은 빼기로 계산

- 6층 에서 2층 을 **내려갔다**.
  줄어드는 상황
  6　2　➡ 6 - 2 = 4

- 빵 6개 에서 2개 를 먹고 **남은** 빵
  줄어드는 상황
  6　2　➡ 6 - 2 = 4

- 축구공 6개, 야구공 2개, 개수의 **차이**
  (큰 수)-(작은 수)
  비교하는 상황도 "빼기"
  ➡ 6 - 2 = 4

- 6살 보다 2살 **어린** 동생
  줄어드는 상황
  6　2　➡ 6 - 2 = 4

- 카드 6장 중에서 2장 을 **주었다**.
  줄어드는 상황
  6　2　➡ 6 - 2 = 4

- 넓이가 6 cm² 보다 2 cm² **작은** 도형
  줄어드는 상황
  6　2　➡ 6 - 2 = 4

뺄셈에서 자주 쓰이는 표현

차　차이　남은　작은　주었다　덜어서　빼서

뺄셈식은 덧셈식으로 바꿔 쓸 수 있어~
뺄셈식 6 - 2 = 4
덧셈식 2 + 4 = 6

▶ 개념 익히기 1

8-5를 나타내는 그림이 되도록 빈칸을 알맞게 채우세요.

01　8-5 ⌢5⌢ 8

02　5 ← 8

03　8 → 5, 8-5

▶ 개념 익히기 2

뺄셈을 나타내는 상황에 ∨표 하세요.

01
키위 5개 중에 2개를 먹었다. ☑
키위 5개를 그대로 두었다. ☐

02
지난달에 받은 용돈과 세뱃돈을 합쳤다. ☐
용돈 10000원 중에서 3000원을 썼다. ☑

03
아이스크림 가격이 500원 올랐다. ☐
아이스크림 가격을 500원 할인했다. ☑

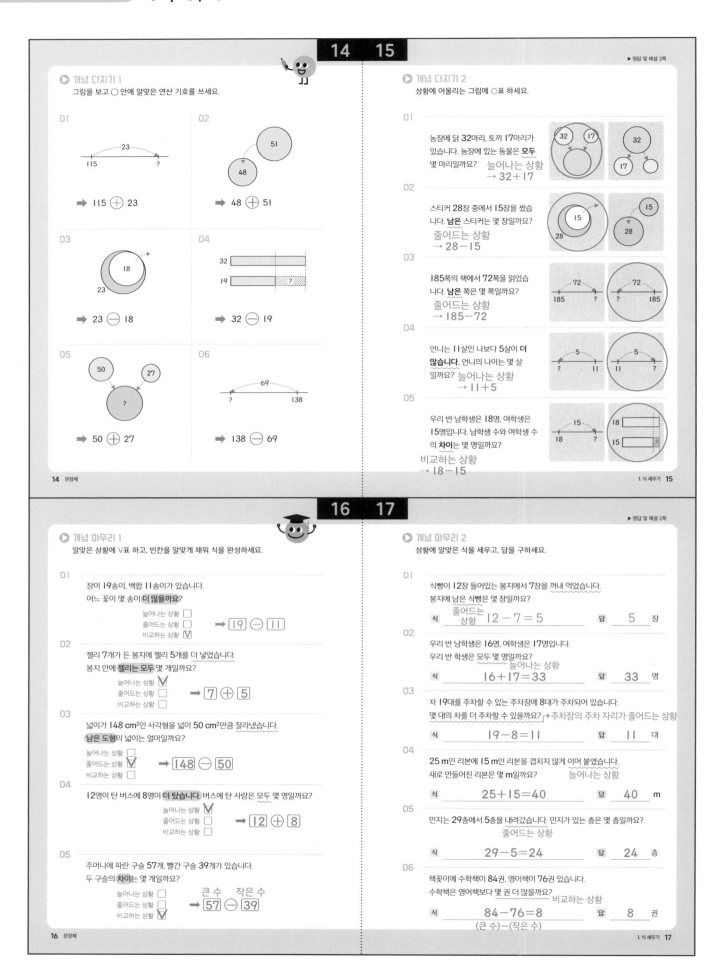

3 곱하기

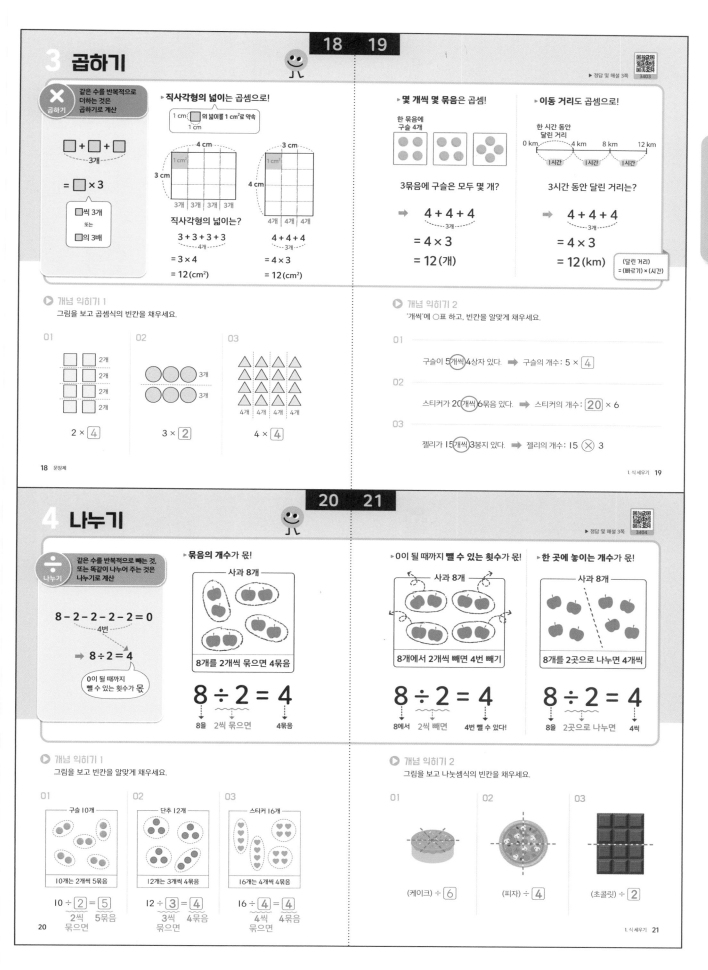

▶ 정답 및 해설 3쪽

✕ 곱하기 같은 수를 반복적으로 더하는 것은 곱하기로 계산

□ + □ + □
3개

= □ × 3

□씩 3개
또는
□의 3배

▶ **직사각형의 넓이는 곱셈으로!**

1 cm □의 넓이를 1 cm²로 약속

직사각형의 넓이는?

3 + 3 + 3 + 3
4개
= 3 × 4
= 12 (cm²)

4 + 4 + 4
3개
= 4 × 3
= 12 (cm²)

▶ **몇 개씩 몇 묶음은 곱셈!**

한 묶음에 구슬 4개

3묶음에 구슬은 모두 몇 개?

➡ 4 + 4 + 4
3개
= 4 × 3
= 12 (개)

▶ **이동 거리도 곱셈으로!**

한 시간 동안 달린 거리

0 km 4 km 8 km 12 km
1시간 1시간 1시간

3시간 동안 달린 거리는?

➡ 4 + 4 + 4
3개
= 4 × 3
= 12 (km)

(달린 거리) = (빠르기) × (시간)

▶ **개념 익히기 1**
그림을 보고 곱셈식의 빈칸을 채우세요.

01
2개
2개
2개
2개
2 × 4

02
3개
3개
3 × 2

03
4개 4개 4개 4개
4 × 4

▶ **개념 익히기 2**
'개씩'에 ○표 하고, 빈칸을 알맞게 채우세요.

01 구슬이 5개씩 4상자 있다. ➡ 구슬의 개수: 5 × 4

02 스티커가 20개씩 6묶음 있다. ➡ 스티커의 개수: 20 × 6

03 젤리가 15개씩 3봉지 있다. ➡ 젤리의 개수: 15 ⊗ 3

18 문장제

1. 식 세우기 19

4 나누기

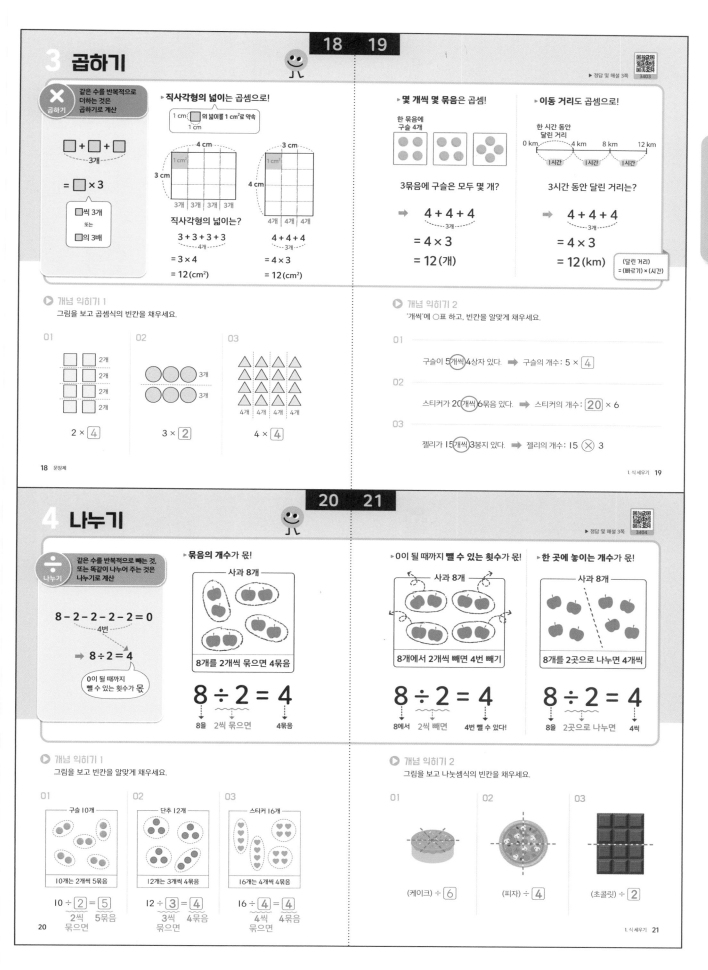

▶ 정답 및 해설 3쪽

÷ 나누기 같은 수를 반복적으로 빼는 것, 또는 똑같이 나누어 주는 것은 나누기로 계산

8 − 2 − 2 − 2 − 2 = 0
4번

➡ 8 ÷ 2 = 4

0이 될 때까지 뺄 수 있는 횟수가 몫

▶ **묶음의 개수가 몫!**

사과 8개

8개를 2개씩 묶으면 4묶음

8 ÷ 2 = 4
8을 2씩 묶으면 4묶음

▶ **0이 될 때까지 뺄 수 있는 횟수가 몫!**

사과 8개

8개에서 2개씩 빼면 4번 빼기

8 ÷ 2 = 4
8에서 2씩 빼면 4번 뺄 수 있다!

▶ **한 곳에 놓이는 개수가 몫!**

사과 8개

8개를 2곳으로 나누면 4개씩

8 ÷ 2 = 4
8을 2곳으로 나누면 4씩

▶ **개념 익히기 1**
그림을 보고 빈칸을 알맞게 채우세요.

01 구슬 10개

10개는 2개씩 5묶음

10 ÷ 2 = 5
2씩 5묶음
묶으면

02 단추 12개

12개는 3개씩 4묶음

12 ÷ 3 = 4
3씩 4묶음
묶으면

03 스티커 16개

16개는 4개씩 4묶음

16 ÷ 4 = 4
4씩 4묶음
묶으면

▶ **개념 익히기 2**
그림을 보고 나눗셈식의 빈칸을 채우세요.

01 (케이크) ÷ 6

02 (피자) ÷ 4

03 (초콜릿) ÷ 2

20

1. 식 세우기 21

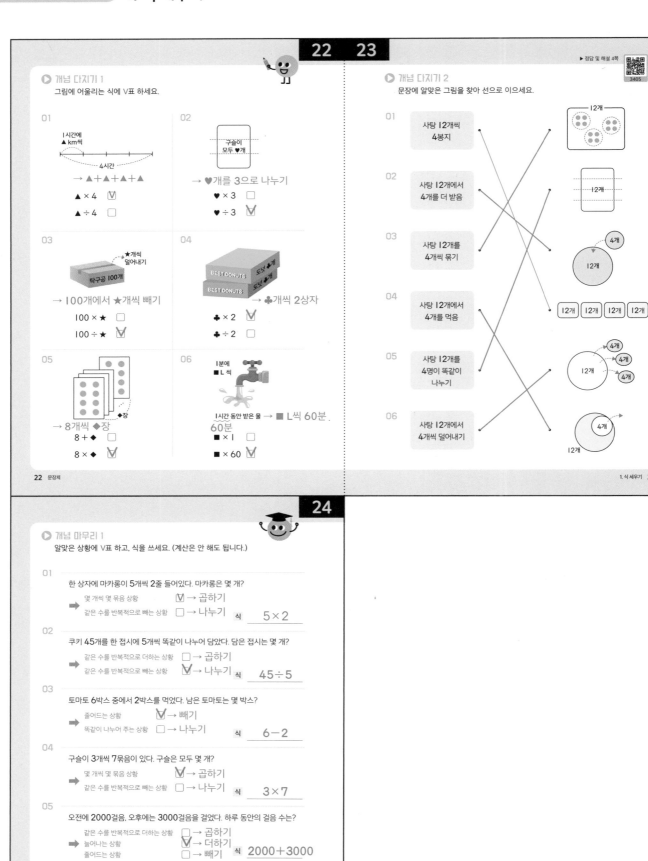

▶ 정답 및 해설 4쪽

개념 다지기 1
그림에 어울리는 식에 V표 하세요.

01
1시간에 ▲ km씩
4시간
→ ▲＋▲＋▲＋▲
▲ × 4　☑
▲ ÷ 4　☐

02
구슬이 모두 ♥개
→ ♥개를 3으로 나누기
♥ × 3　☐
♥ ÷ 3　☑

03
★개씩 덜어내기
탁구공 100개
→ 100개에서 ★개씩 빼기
100 × ★　☐
100 ÷ ★　☑

04
도넛 ♣개
BEST DONUTS
도넛 ♣개
BEST DONUTS
→ ♣개씩 2상자
♣ × 2　☑
♣ ÷ 2　☐

05
→ 8개씩 ◆장
8 ＋ ◆　☐
8 × ◆　☑

06
1분에 ■ L씩
1시간 동안 받은 물 → ■ L씩 60분.
60분
■ × 1　☐
■ × 60　☑

22 문장제

개념 다지기 2
문장에 알맞은 그림을 찾아 선으로 이으세요.

01 사탕 12개씩 4봉지

02 사탕 12개에서 4개를 더 받음

03 사탕 12개를 4개씩 묶기

04 사탕 12개에서 4개를 먹음

05 사탕 12개를 4명이 똑같이 나누기

06 사탕 12개에서 4개씩 덜어내기

1. 식 세우기 23

24

개념 마무리 1
알맞은 상황에 V표 하고, 식을 쓰세요. (계산은 안 해도 됩니다.)

01
한 상자에 마카롱이 5개씩 2줄 들어있다. 마카롱은 몇 개?
몇 개씩 몇 묶음 상황　☑ → 곱하기
같은 수를 반복적으로 빼는 상황　☐ → 나누기
식　5×2

02
쿠키 45개를 한 접시에 5개씩 똑같이 나누어 담았다. 담은 접시는 몇 개?
같은 수를 반복적으로 더하는 상황　☐ → 곱하기
같은 수를 반복적으로 빼는 상황　☑ → 나누기
식　$45 \div 5$

03
토마토 6박스 중에서 2박스를 먹었다. 남은 토마토는 몇 박스?
줄어드는 상황　☑ → 빼기
똑같이 나누어 주는 상황　☐ → 나누기
식　$6 - 2$

04
구슬이 3개씩 7묶음이 있다. 구슬은 모두 몇 개?
몇 개씩 몇 묶음 상황　☑ → 곱하기
같은 수를 반복적으로 빼는 상황　☐ → 나누기
식　3×7

05
오전에 2000걸음, 오후에는 3000걸음을 걸었다. 하루 동안의 걸음 수는?
같은 수를 반복적으로 더하는 상황　☐ → 곱하기
늘어나는 상황　☑ → 더하기
줄어드는 상황　☐ → 빼기
식　$2000 + 3000$

06
1분에 100 m씩 30분 동안 달린 거리는?
같은 수를 반복적으로 빼는 상황　☐ → 나누기
줄어드는 상황　☐ → 빼기
같은 수를 반복적으로 더하는 상황　☑ → 곱하기
식　100×30

24 문장제

01
손님 **48**명
6명씩 한 테이블
~~÷6~~

필요한 테이블은 몇 개?

식 48÷6=8

답 8개

02
남학생 **1**명과 여학생 **1**명을 짝 지어 **14**쌍
~~2   ×14~~

학생 수는 모두 몇 명?

식 2×14=28

답 28명

25

▶ 정답 및 해설 4~5쪽

○ 개념 마무리 2
주어진 상황에 알맞은 식을 쓰고, 답을 구하세요.

01
손님 48명을 6명씩 한 테이블에 앉히려고 합니다.
필요한 테이블은 몇 개일까요?
식　　48÷6=8　　답　　8　개

02
남학생 1명과 여학생 1명을 짝 지어 14쌍을 만들었습니다.
학생 수는 모두 몇 명일까요?
식　　2×14=28　　답　　28　명

03
딸기맛 사탕 25개와 포도맛 사탕 30개를 샀습니다.
사탕은 모두 몇 개일까요?
식　　25+30=55　　답　　55　개

04
승호는 매일 아침, 점심, 저녁에 영양제를 1알씩 먹습니다.
영양제 1통에 240알이 들어있을 때, 며칠 동안 먹을 수 있을까요?
식　　240÷3=80　　답　　80　일

05
물티슈 한 팩에 40장이 들어있습니다.
5팩에 들어있는 물티슈는 모두 몇 장일까요?
식　　40×5=200　　답　　200　장

06
귤나무에 귤이 80개 열려 있습니다.
귤을 모두 따서 한 상자에 16개씩 담으면 몇 상자가 될까요?
식　　80÷16=5　　답　　5　상자

1. 식 세우기 **25**

03
딸기맛 **25**개
포도맛 **30**개　→　25+30

사탕 수는?

식 25+30=55

답 55개

04
하루에 **3**알씩
영양제는 **240**알

며칠 동안 먹을 수 있을까?
240에서 3을 반복적으로 빼는 상황

식 240÷3=80

답 80일

05
물티슈 한 팩에 **40**장
5팩
~~×5~~

물티슈 몇 장?

식 40×5=200

답 200장

06
귤 **80**개
한 상자에 **16**개씩 담으면
~~÷16~~

몇 상자?

식 80÷16=5

답 5상자

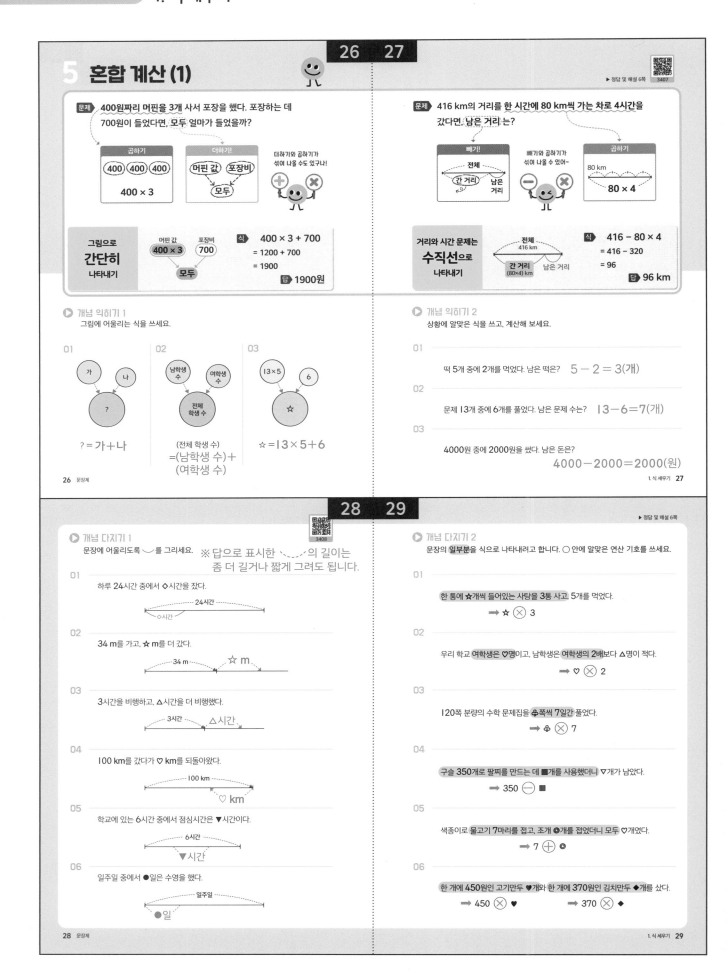

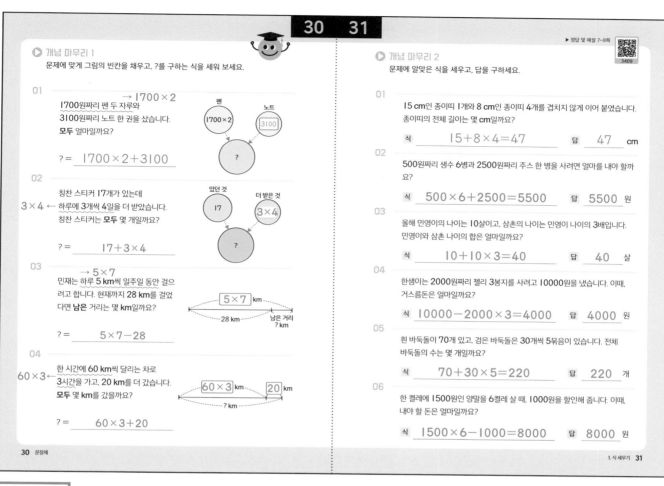

▶ 정답 및 해설 7~8쪽

개념 마무리 1

문제에 맞게 그림의 빈칸을 채우고, ?를 구하는 식을 세워 보세요.

01

→ 1700×2

1700원짜리 펜 두 자루와
3100원짜리 노트 한 권을 샀습니다.
모두 얼마일까요?

? = 1700×2+3100

펜
1700×2

노트
3100

?

02

3×4 ←

칭찬 스티커 17개가 있는데
하루에 3개씩 4일을 더 받았습니다.
칭찬 스티커는 **모두** 몇 개일까요?

? = 17+3×4

있던 것
17

더 받은 것
3×4

?

03

→ 5×7

민재는 하루 5 km씩 일주일 동안 걸으려고 합니다. 현재까지 28 km를 걸었다면 **남은** 거리는 몇 km일까요?

? = 5×7−28

5×7 km
28 km
남은 거리
? km

04

60×3 ←

한 시간에 60 km씩 달리는 차로
3시간을 가고, 20 km를 더 갔습니다.
모두 몇 km를 갔을까요?

? = 60×3+20

60×3 km　20 km
? km

개념 마무리 2

문제에 알맞은 식을 세우고, 답을 구하세요.

01
15 cm인 종이띠 1개와 8 cm인 종이띠 4개를 겹치지 않게 이어 붙였습니다. 종이띠의 전체 길이는 몇 cm일까요?

식　15+8×4=47　답　47　cm

02
500원짜리 생수 6병과 2500원짜리 주스 한 병을 사려면 얼마를 내야 할까요?

식　500×6+2500=5500　답　5500　원

03
올해 민영이의 나이는 10살이고, 삼촌의 나이는 민영이 나이의 3배입니다. 민영이와 삼촌 나이의 합은 얼마일까요?

식　10+10×3=40　답　40　살

04
한샘이는 2000원짜리 젤리 3봉지를 사려고 10000원을 냈습니다. 이때, 거스름돈은 얼마일까요?

식　10000−2000×3=4000　답　4000　원

05
흰 바둑돌이 70개 있고, 검은 바둑돌은 30개씩 5묶음이 있습니다. 전체 바둑돌의 수는 몇 개일까요?

식　70+30×5=220　답　220　개

06
한 켤레에 1500원인 양말을 6켤레 살 때, 1000원을 할인해 줍니다. 이때, 내야 할 돈은 얼마일까요?

식　1500×6−1000=8000　답　8000　원

31쪽

01 15 cm 종이띠와
8 cm 종이띠 4개를
　8×4

이어 붙임
　더하기

전체 길이?

식　15+8×4
　=15+32
　=47

답 47 cm

02 500원짜리 생수 6병
　500×6

2500원짜리 주스 1병

모두 얼마?

식　500×6+2500
　=3000+2500
　=5500

답 5500원

03 민영이 나이는 10살
삼촌은 민영이 나이의 3배
　10×3

민영이와 삼촌 나이의 합?

식　10+10×3
　=10+30
　=40

답 40살

04 2000원짜리 젤리 3봉지를 사려고
　2000×3

10000원 냄

거스름돈은 얼마?
(낸 돈)−(물건 가격)

식　10000−2000×3
　=10000−6000
　=4000

답 4000원

31쪽

05 흰 바둑돌 **70개**
검은 바둑돌은 **30개씩 5묶음**
$\underbrace{30 \times 5}$

전체 바둑돌 개수?

식 $70 + 30 \times 5$
$= 70 + 150$
$= 220$

답 220개

06 **1500원**짜리 양말 **6켤레**
$\underline{1500 \times 6}$

1000원 할인
$\underline{-1000}$

내야 할 돈?

식 $1500 \times 6 - 1000$
$= 9000 - 1000$
$= 8000$

답 8000원

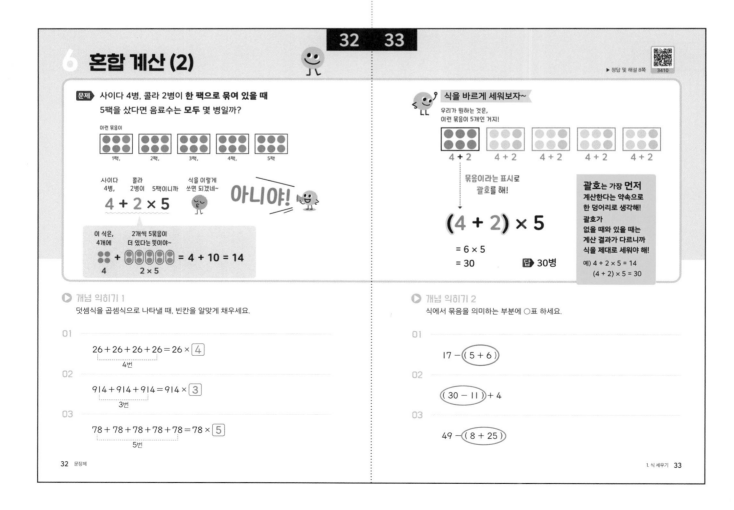

▶ 개념 다지기 1

그림과 설명을 보고 알맞은 식에 V표 하세요.

3411

정답 및 해설

01

10ㅡ
10에서 2씩 3묶음을 빼기
2×3

10ㅡ2×3 ☑

┌(10ㅡ2)×3 ☐
└→10에서 2를 뺀 것이 3묶음

02

×4
5에서 2를 뺀 묶음이 4개
(5ㅡ2) →5에서 2씩 4묶음 빼기
5ㅡ2×4 ┘ ☐

(5ㅡ2)×4 ☑

03

×3
3에 1을 더한 묶음이 3개
(3+1)
(3+1)×3 ☑

┌3+1×3 ☐
└→3에 1씩 3묶음을 더한 것

04

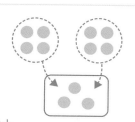

3+
3에 4씩 2묶음을 더하기
4×2

3+4×2 ☑

┌(3+4)×2 ☐
└→3과 4를 더한 묶음이 2개

05

5+
5에 2씩 4묶음을 더하기
2×4

5와 2를
더한 묶음이 ←(5+2)×4 ☐
4개
5+2×4 ☑

06

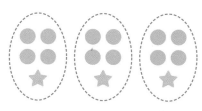

×3
4와 1을 더한 묶음이 3개
(4+1)
(4+1)×3 ☑

┌4+1×3 ☐
└→4에 1씩 3묶음을 더한 것

35쪽

01 30에서 2씩 7묶음을 빼기 $\longrightarrow$ 30$-$2$\times$7
　　30$-$　2$\times$7

　　30에서 2를 빼고 7씩 묶기 $\longrightarrow$ (30$-$2)$\div$7
　　(30$-$2)　$\div$7

02 7에서 4를 빼고 5를 더하기 $\longrightarrow$ 7$-$4$+$5
　　7$-$4　$+$5

　　7에서 4를 뺀 묶음이 5개 $\longrightarrow$ (7$-$4)$\times$5
　　(7$-$4)　$\times$5

03 3과 8을 더한 묶음이 6개 $\longrightarrow$ (3$+$8)$\times$6
　　(3$+$8)　$\times$6

　　3에 8씩 6묶음을 더하기 $\longrightarrow$ 3$+$8$\times$6
　　3$+$　8$\times$6

04 4에 2를 15번 더하기 $\longrightarrow$ 4$+$2$\times$15
　　4$+$　2$\times$15

　　4씩 2묶음에 15를 더하기 $\longrightarrow$ 4$\times$2$+$15
　　4$\times$2　$+$15

05 15에 13씩 4묶음을 더하기 $\longrightarrow$ 15$+$13$\times$4
　　15$+$　13$\times$4

　　15와 13을 합한 묶음이 4개 $\longrightarrow$ (15$+$13)$\times$4
　　(15$+$13)　$\times$4

06 25에서 9를 뺀 묶음이 2개 $\longrightarrow$ (25$-$9)$\times$2
　　(25$-$9)　$\times$2

　　25에서 9씩 2묶음을 빼기 $\longrightarrow$ 25$-$9$\times$2
　　25$-$　9$\times$2

35

▶ 정답 및 해설

개념 다지기 2
식을 보고 어울리는 설명에 V표 하세요.

01

| 30$-$2$\times$7 | 30에서 2씩 7묶음을 빼기 | [V] |
| | 30에서 2를 빼고, 7씩 묶기 | ☐ |

02

| (7$-$4)$\times$5 | 7에서 4를 빼고 5를 더하기 | ☐ |
| | 7에서 4를 뺀 묶음이 5개 | [V] |

03

| (3$+$8)$\times$6 | 3과 8을 더한 묶음이 6개 | [V] |
| | 3에 8씩 6묶음을 더하기 | ☐ |

04

| 4$\times$2$+$15 | 4에 2를 15번 더하기 | ☐ |
| | 4씩 2묶음에 15를 더하기 | [V] |

05

| (15$+$13)$\times$4 | 15에 13씩 4묶음을 더하기 | ☐ |
| | 15와 13을 합한 묶음이 4개 | [V] |

06

| 25$-$9$\times$2 | 25에서 9를 뺀 묶음이 2개 | ☐ |
| | 25에서 9 2묶음을 빼기 | [V] |

1. 식 세우기 **35**

36

개념 마무리 1
문장을 읽고, 알맞은 식으로 나타내세요.

01 샤프 2개와 지우개 1개로 된 문구 세트를 6개 샀습니다.

샤프와 지우개의 수 ➡ __(2$+$1)__ __$\times$6__

02 흰 티셔츠를 2장씩 5묶음을 사서 친구에게 3장을 주었습니다.

남은 흰 티셔츠의 수 ➡ __2$\times$5__ __$-$3__

03 편의점에서 5개씩 3줄로 포장된 사탕을 사고 젤리 20개를 더 샀습니다.

편의점에서 산 사탕과 젤리의 수 ➡ __5$\times$3__ __$+$20__

04 배드민턴 채 2개와 셔틀콕 10개가 들어있는 상품을 2개 샀습니다.

배드민턴 채와 셔틀콕의 수 ➡ __(2$+$10)__ __$\times$2__

05 10장씩 들어있는 색종이를 20묶음 사서 비행기 50개를 접어서 날렸습니다.

남은 색종이의 수 ➡ __10$\times$20__ __$-$50__

06 한 개에 500원인 요구르트 6개를 사고 1000원짜리 우유를 하나 더 샀습니다.

전체 구매 금액 ➡ __500$\times$6__ __$+$1000__

36 문장제

---

01 한 꽃병에 장미 **3**송이, 튤립 **2**송이
<u>3+2</u>

테이블 **8**개에 꽃병 **1**개씩 놓기
<u>×8</u>

필요한 꽃은 몇 송이?

식 $(3+2)×8$
$=5×8$
$=40$

답 40송이

02 세아는 **13**살
동생은 세아보다 **2**살 어림
<u>13-2</u>

아버지의 나이는 동생 나이의 **4**배일 때,
<u>(13-2)×4</u>

아버지의 나이는?

식 $(13-2)×4$
$=11×4$
$=44$

답 44살

03 **2000**원짜리 화분 **6**개
<u>2000×6</u>

배송비 **2500**원
<u>+2500</u>

결제 금액은 얼마?

식 $2000×6+2500$
$=12000+2500$
$=14500$

답 14500원

▶ 정답 및 해설 10~11쪽

37

○ 개념 마무리 2
문제에 알맞은 식을 세우고, 답을 구하세요.

01
꽃병 하나에 장미 3송이와 튤립 2송이를 꽂아서 8개의 테이블에 꽃병을 하나씩 놓으려고 합니다. 필요한 꽃은 모두 몇 송이일까요?

식 $(3+2)×8=40$ 답 40 송이

02
세아는 13살이고, 동생은 세아보다 2살 어립니다. 아버지의 나이는 동생 나이의 4배일 때, 아버지의 나이는 몇 살일까요?

식 $(13-2)×4=44$ 답 44 살

03
한 개에 2000원인 화분 6개를 주문하려고 합니다. 배송비가 2500원일 때, 결제할 금액은 얼마일까요?

식 $2000×6+2500=14500$ 답 14500 원

04
연필 3자루와 지우개 6개가 들어있는 상품을 5세트 샀습니다. 구매한 학용품은 모두 몇 개일까요?

식 $(3+6)×5=45$ 답 45 개

05
500원짜리 호빵 4개와 600원짜리 찐빵 8개의 가격은 얼마일까요?

식 $500×4+600×8=6800$ 답 6800 원

---

04 연필 **3**자루, 지우개 **6**개로 된 상품
<u>3+6</u>

5세트 삼
<u>×5</u>

구매한 학용품 몇 개?

식 $(3+6)×5$
$=9×5$
$=45$

답 45개

05 **500**원짜리 호빵 **4**개
<u>500×4</u>

600원짜리 찐빵 **8**개
<u>600×8</u>

가격은 얼마?

식 $500×4+600×8$
$=2000+4800$
$=6800$

답 6800원

7 혼합 계산 (3)

▶ 정답 및 해설 12쪽

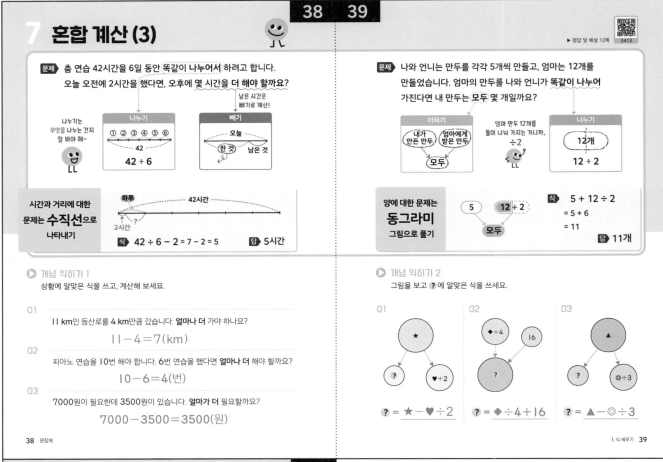

개념 익히기 1

상황에 알맞은 식을 쓰고, 계산해 보세요.

01 　11 km인 등산로를 4 km만큼 갔습니다. **얼마나 더** 가야 하나요?

$$11-4=7(km)$$

02 　피아노 연습을 10번 해야 합니다. 6번 연습을 했다면 **얼마나 더** 해야 할까요?

$$10-6=4(번)$$

03 　7000원이 필요한데 3500원이 있습니다. **얼마가 더** 필요할까요?

$$7000-3500=3500(원)$$

개념 익히기 2

그림을 보고 ? 에 알맞은 식을 쓰세요.

01

02

03

? = ★ − ♥ ÷ 2 　　? = ◆ ÷ 4 + 16 　　? = ▲ − ◎ ÷ 3

개념 다지기 1

아래의 글을 읽고, 물음에 답하세요.

> 100 km의 거리를 5일 동안 똑같이 나누어 가려고 합니다.
> 오늘 오전에 4 km를 갔다면 오늘 오후에는 몇 km를 더 가야 할까요?

01 　구하려는 것으로 알맞은 것에 ○표 하세요.

(오늘 간 , (오늘 더 가야 하는) 5일 동안 간) 거리

02 　전체 거리를 문제에서 찾아 쓰세요.

　　　　　　　　　　　100 km

03 　글의 내용으로 알맞은 것에 ○표 하세요.

100 km를 하루에 다 간다. 　(　)
오늘 4 km를 더 가려고 한다. 　(　)
5일 동안 100 km를 가려고 한다. 　(○)

04 　수직선에 바르게 나타낸 것에 ○표 하세요.

(○) 　　　　　(　)

05 　하루 동안 가야 하는 거리를 구하세요.

식 　100 ÷ 5 = 20 　　답 　20 　km

06 　오늘 더 가야 하는 거리를 구하세요.

식 　20 − 4 = 16 　　답 　16 　km
(또는 100 ÷ 5 − 4 = 16)

40쪽

03 100 km를 하루에 다 간다. (×)
→ 5일 동안 100 km를 감

오늘 4 km를 더 가려고 한다. (×)
→ 오늘 오전에 4 km를 갔음

5일 동안 100 km를 가려고 한다. (○)

04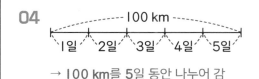

→ 100 km를 5일 동안 나누어 감

05 100 km를 5일 동안 똑같이 나누어 가니까

하루 동안 가야 하는 거리는

→ 100÷5=20(km)

 100÷5=20

 20 km

06 하루 동안 가야 하는 거리 → 100÷5=20(km)

오늘 간 거리가 4 km이므로

오늘 더 가야 하는 거리는

→ 100÷5−4

=20−4

=16

간 거리
4 km

── 20 km ──

더 가야 하는 거리

식 20−4=16

답 16 km

01

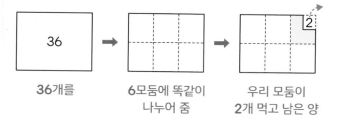

36개를 → 6모둠에 똑같이 나누어 줌 → 우리 모둠이 2개 먹고 남은 양

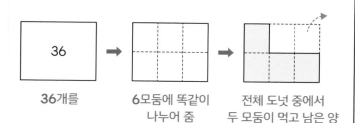

36개를 → 6모둠에 똑같이 나누어 줌 → 전체 도넛 중에서 두 모둠이 먹고 남은 양

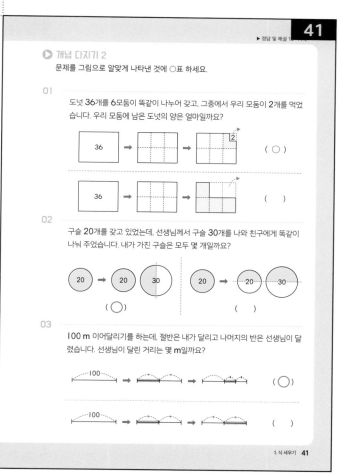

41

▶ 정답 및 해설 1쪽

○ 개념 다지기 2

문제를 그림으로 알맞게 나타낸 것에 ○표 하세요.

01 도넛 36개를 6모둠이 똑같이 나누어 갖고, 그중에서 우리 모둠이 2개를 먹었습니다. 우리 모둠에 남은 도넛의 양은 얼마일까요?

(○)

( )

02 구슬 20개를 갖고 있었는데, 선생님께서 구슬 30개를 나와 친구에게 똑같이 나눠 주었습니다. 내가 가진 구슬은 모두 몇 개일까요?

(○)

( )

03 100 m 이어달리기를 하는데, 절반은 내가 달리고 나머지의 반은 선생님이 달렸습니다. 선생님이 달린 거리는 몇 m일까요?

(○)

( )

1. 식 세우기 **41**

41쪽

02

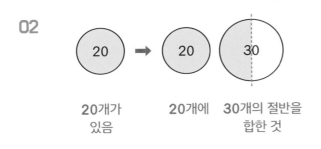

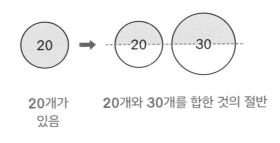

03

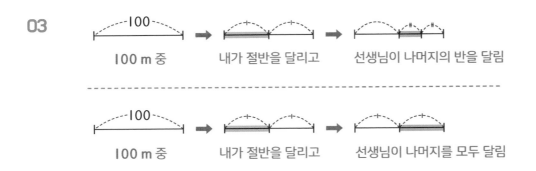

42쪽

03

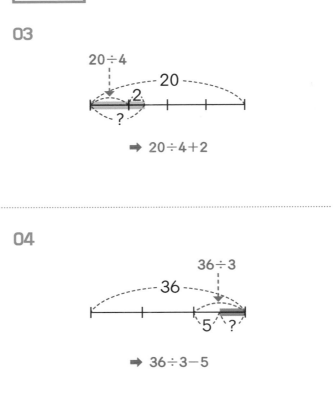

➡ 20÷4+2

04

➡ 36÷3−5

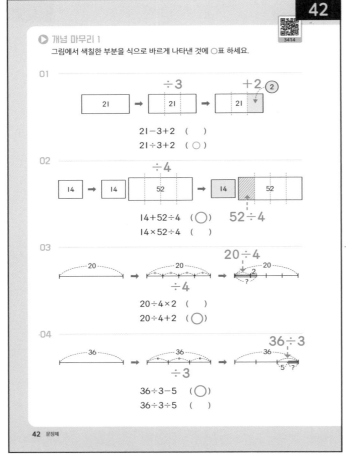

▶ 정답 및 해설 14~15쪽

▶ 개념 마무리 2

각 상황에 알맞은 그림과 식을 찾아 선으로 연결하세요.

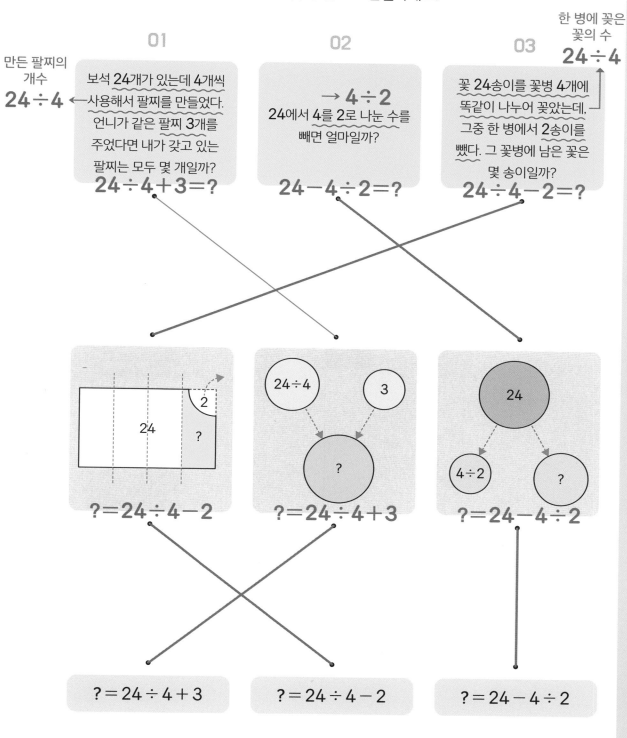

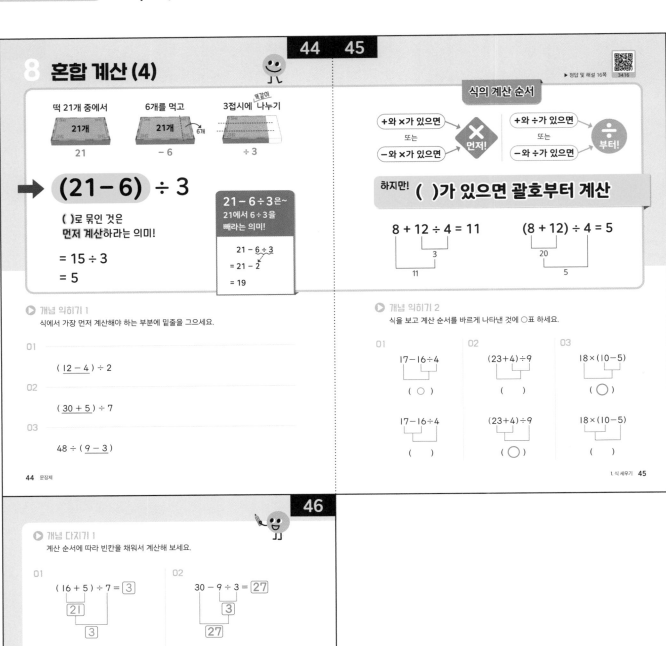

44 45

8 혼합 계산 (4)

▶ 정답 및 해설 16쪽

떡 21개 중에서
21개
21

6개를 먹고
21개
6개
− 6

3접시에 똑같이 나누기
÷ 3

➡ **(21 − 6) ÷ 3**

( )로 묶인 것은
먼저 계산하라는 의미!

= 15 ÷ 3

= 5

21 − 6 ÷ 3은~
21에서 6 ÷ 3을
빼라는 의미!

21 − 6 ÷ 3
= 21 − 2
= 19

식의 계산 순서

+와 ×가 있으면
또는
−와 ×가 있으면
× 먼저!

+와 ÷가 있으면
또는
−와 ÷가 있으면
÷ 부터!

하지만! ( )가 있으면 괄호부터 계산

8 + 12 ÷ 4 = 11
└─3─┘
└──11──┘

(8 + 12) ÷ 4 = 5
└──20──┘
└───5───┘

▶ **개념 익히기 1**
식에서 가장 먼저 계산해야 하는 부분에 밑줄을 그으세요.

01
(12 − 4) ÷ 2

02
(30 + 5) ÷ 7

03
48 ÷ (9 − 3)

▶ **개념 익히기 2**
식을 보고 계산 순서를 바르게 나타낸 것에 ○표 하세요.

01
17 − 16 ÷ 4
(○)

17 − 16 ÷ 4
( )

02
(23 + 4) ÷ 9
( )

(23 + 4) ÷ 9
(○)

03
18 × (10 − 5)
(○)

18 × (10 − 5)
( )

46

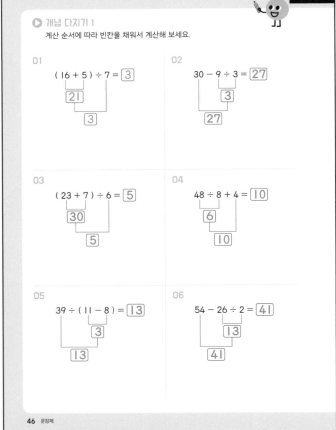

▶ **개념 다지기 1**
계산 순서에 따라 빈칸을 채워서 계산해 보세요.

01
(16 + 5) ÷ 7 = 3
21
3

02
30 − 9 ÷ 3 = 27
3
27

03
(23 + 7) ÷ 6 = 5
30
5

04
48 ÷ 8 + 4 = 10
6
10

05
39 ÷ (11 − 8) = 13
3
13

06
54 − 26 ÷ 2 = 41
13
41

01 준호 고무줄 **6**개
　　　원래 가지고 있던 것

지수 고무줄 **14**개
지수 고무줄 절반을 준호에게 줌
　　　　14÷2

준호의 고무줄 수는?
➡ (원래 가지고 있던 것)＋(지수에게 받은 것)
　＝6＋14÷2

---

02 여학생이 **12**명, 남학생이 **18**명
　　반 학생은 모두 12＋18

연필 **120**자루를 똑같이 나눠 줌

한 사람이 가지는 연필 수는?
➡ (연필 수)÷(반 학생 수)
　＝120÷(12＋18)

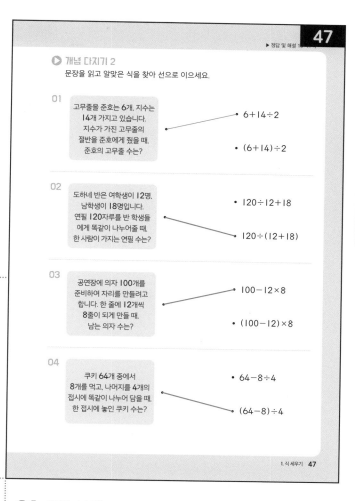

03 의자 **100**개
한 줄에 **12**개씩 **8**줄로 만들기
　사용할 의자 수는 12×8

남는 의자 수는?
➡ (전체 의자 수)－(사용할 의자 수)
　＝100－12×8

04 쿠키 **64**개
8개 먹음
　－8
나머지는 **4**접시에 똑같이 나눠 담기
　　　÷4

한 접시에 놓인 쿠키 수는?
➡ (남은 쿠키 수)÷(접시 수)
　＝(64－8)÷4

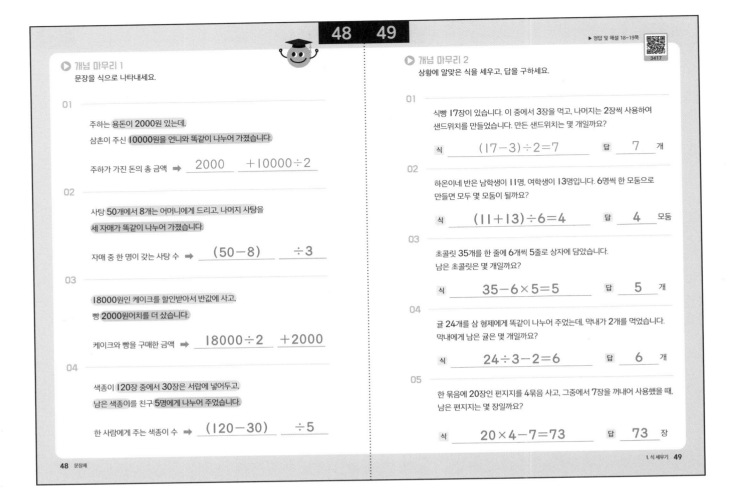

48   49

▶ 정답 및 해설 18~19쪽

개념 마무리 1
문장을 식으로 나타내세요.

01
주하는 용돈이 2000원 있는데,
삼촌이 주신 10000원을 언니와 똑같이 나누어 가졌습니다.

주하가 가진 돈의 총 금액 ➡ ___2000___ +10000÷2

02
사탕 50개에서 8개는 어머니에게 드리고, 나머지 사탕을
세 자매가 똑같이 나누어 가졌습니다.

자매 중 한 명이 갖는 사탕 수 ➡ ___(50−8)___ ÷3

03
18000원인 케이크를 할인받아서 반값에 사고,
빵 2000원어치를 더 샀습니다.

케이크와 빵을 구매한 금액 ➡ ___18000÷2___ +2000

04
색종이 120장 중에서 30장은 서랍에 넣어두고,
남은 색종이를 친구 5명에게 나누어 주었습니다.

한 사람에게 주는 색종이 수 ➡ ___(120−30)___ ÷5

개념 마무리 2
상황에 알맞은 식을 세우고, 답을 구하세요.

01
식빵 17장이 있습니다. 이 중에서 3장을 먹고, 나머지는 2장씩 사용하여
샌드위치를 만들었습니다. 만든 샌드위치는 몇 개일까요?

식 ___(17−3)÷2=7___ 답 ___7___ 개

02
하온이네 반은 남학생이 11명, 여학생이 13명입니다. 6명씩 한 모둠으로
만들면 모두 몇 모둠이 될까요?

식 ___(11+13)÷6=4___ 답 ___4___ 모둠

03
초콜릿 35개를 한 줄에 6씩 5줄로 상자에 담았습니다.
남은 초콜릿은 몇 개일까요?

식 ___35−6×5=5___ 답 ___5___ 개

04
귤 24개를 삼 형제에게 똑같이 나누어 주었는데, 막내가 2개를 먹었습니다.
막내에게 남은 귤은 몇 개일까요?

식 ___24÷3−2=6___ 답 ___6___ 개

05
한 묶음에 20장인 편지지를 4묶음 사고, 그중에서 7장을 꺼내어 사용했을 때,
남은 편지지는 몇 장일까요?

식 ___20×4−7=73___ 답 ___73___ 장

48 문장제

1. 식 세우기 49

49쪽

01 식빵 17장
3장 먹음
　〜−3
나머지는 **2장씩 샌드위치**
　　　　〜÷2

만든 샌드위치는 몇 개?
식　(17−3)÷2
　　=14÷2
　　=7

답 7개

02 남학생이 11명, 여학생이 13명
　　　　11+13
6명씩 한 모둠
　　〜÷6

모두 몇 모둠?
식　(11+13)÷6
　　=24÷6
　　=4

답 4모둠

---

03 초콜릿 **35**개
6개씩 **5**줄로 담았음
6×5

남은 초콜릿은 몇 개?

식 $35 - 6 \times 5$
$= 35 - 30$
$= 5$

답 5개

04 귤 **24**개
3명에게 똑같이 나눠 줌
$\div 3$

막내가 **2**개를 먹음
-2

막내에게 남은 귤은 몇 개?

식 $24 \div 3 - 2$
$= 8 - 2$
$= 6$

답 6개

05 편지지 **20**장씩 **4**묶음
20×4

7장 씀
-7

남은 편지지는 몇 장?

식 $20 \times 4 - 7$
$= 80 - 7$
$= 73$

답 73장

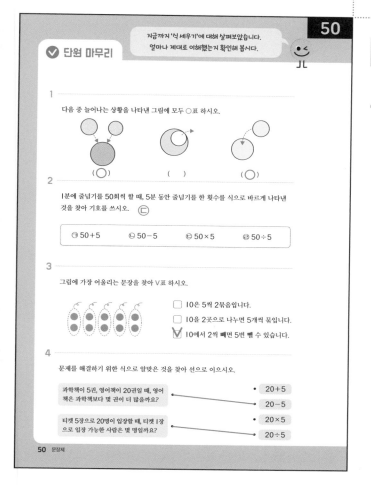

4

과학책이 **5**권, 영어책이 **20**권일 때,
영어책은 과학책보다 몇 권이 더 많을까요?

→ 비교하는 상황이니까
(큰 수) − (작은 수) $= 20 - 5$

티켓 **5**장으로 **20**명이 입장할 때,
티켓 **1**장으로 입장 가능한 사람은 몇 명일까요?

→ 20을 5곳으로 나누는 상황이니까 $20 \div 5$

51쪽

5 ⊙ **1000**원짜리 쿠키 **1**개와 **1500**원짜리 음료 **6**개를
          1000   1500×6

샀을 때의 가격 → 1000＋1500×6

  ⓒ **1000**원짜리 빵 **6**개를 사고 **1500**원을 할인받았을
          1000×6   −1500

때의 가격 → 1000×6−1500

  ⓒ **1000**원짜리 음료 **6**개와 **1500**원짜리 도넛 **1**개를
          1000×6   1500

샀을 때의 가격 → 1000×6+1500

---

6 마스크 **20**개
4명이 똑같이 나눔
    ÷4
한 명이 동생에게 **3**개 줌
        −3

그 친구에게 남은 마스크는 몇 개?
  20÷4−3
=5−3
=2

---

7 찹쌀떡 **80**개
16개 뺌
  −16
나머지는 **4**봉지에 똑같이 나눔
      ÷4

한 봉지에 찹쌀떡 몇 개?
➡ (80−16)÷4

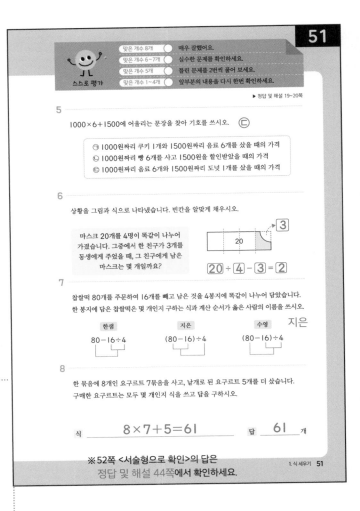

8 요구르트 **8**개씩 **7**묶음을 사고,
      8×7
5개 더 삼
  +5

구매한 요구르트 몇 개?
식 8×7+5
    =56+5
    =61

답 61개

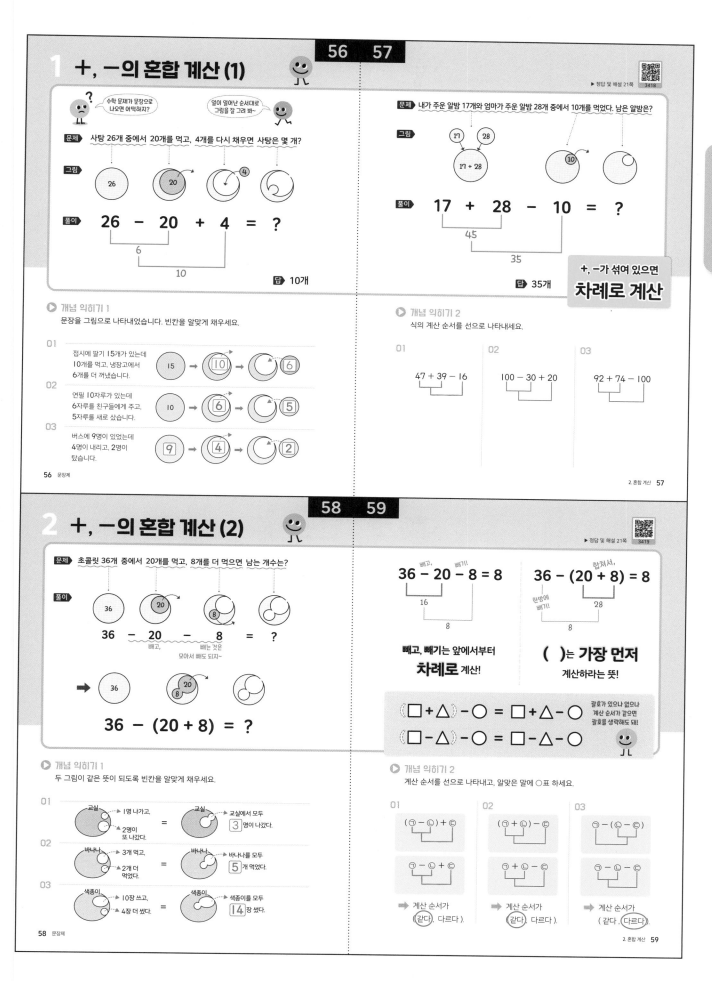

1 +, −의 혼합 계산 (1)

▶ 정답 및 해설 21쪽

수학 문제가 문장으로 나오면 어떡하지?

일이 일어난 순서대로 그림을 잘 그려 봐~

문제 사탕 26개 중에서 20개를 먹고, 4개를 다시 채우면 사탕은 몇 개?

그림 26 20 4

풀이
$$26 - 20 + 4 = ?$$
6
10

답 10개

문제 내가 준 알밤 17개와 엄마가 주운 알밤 28개 중에서 10개를 먹었다. 남은 알밤은?

그림 17 28 17 + 28 10

풀이
$$17 + 28 - 10 = ?$$
45
35

답 35개

+, −가 섞여 있으면
차례로 계산

▶ **개념 익히기 1**
문장을 그림으로 나타내었습니다. 빈칸을 알맞게 채우세요.

01 접시에 딸기 15개가 있는데 10개를 먹고, 냉장고에서 6개를 더 꺼냈습니다.
15 → 10 → 6

02 연필 10자루가 있는데 6자루를 친구들에게 주고, 5자루를 새로 샀습니다.
10 → 6 → 5

03 버스에 9명이 있었는데 4명이 내리고, 2명이 탔습니다.
9 → 4 → 2

▶ **개념 익히기 2**
식의 계산 순서를 선으로 나타내세요.

01 47 + 39 − 16

02 100 − 30 + 20

03 92 + 74 − 100

2 +, −의 혼합 계산 (2)

▶ 정답 및 해설 21쪽

문제 초콜릿 36개 중에서 20개를 먹고, 8개를 더 먹으면 남는 개수는?

풀이 36 20 8

$$36 - 20 - 8 = ?$$
빼고, 빼는 것은 모아서 빼도 되지~

→ 36 20 8

$$36 - (20 + 8) = ?$$

$$36 - 20 - 8 = 8$$
16
8

빼고, 빼기는 앞에서부터
차례로 계산!

$$36 - (20 + 8) = 8$$
한방에 빼기!
28
8

( )는 가장 먼저
계산하라는 뜻!

$$(\square + \triangle) - \bigcirc = \square + \triangle - \bigcirc$$
$$(\square - \triangle) - \bigcirc = \square - \triangle - \bigcirc$$

괄호가 있으나 없으나 계산 순서가 같으면 괄호를 생략해도 돼!

▶ **개념 익히기 1**
두 그림이 같은 뜻이 되도록 빈칸을 알맞게 채우세요.

01 교실 1명 나가고, 2명이 또 나갔다. = 교실에서 모두 ⓷명이 나갔다.

02 바나나 3개 먹고, 2개 더 먹었다. = 바나나를 모두 ⓹개 먹었다.

03 색종이 10장 쓰고, 4장 더 썼다. = 색종이를 모두 ⑭장 썼다.

▶ **개념 익히기 2**
계산 순서를 선으로 나타내고, 알맞은 말에 ○표 하세요.

01 (㉠ − ㉡) + ㉢
㉠ − ㉡ + ㉢
➡ 계산 순서가 (같다, 다르다).

02 (㉠ + ㉡) − ㉢
㉠ + ㉡ − ㉢
➡ 계산 순서가 (같다, 다르다).

03 ㉠ − (㉡ − ㉢)
㉠ − ㉡ − ㉢
➡ 계산 순서가 (같다, 다르다).

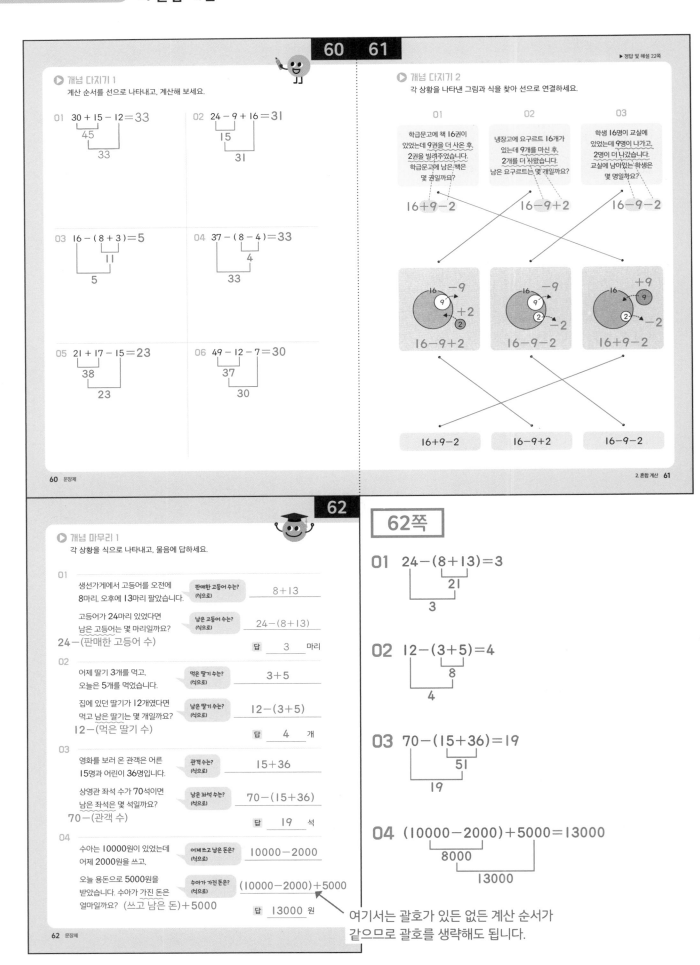

01 버스에 **12**명이 타고 있음

7명 내림
-7

9명 탐
$+9$

버스에 타고 있는 사람은?

식 $12-7+9=14$

답 **14**명

---

02 **15 cm, 8 cm** 종이띠 이어 붙임
$15+8$

20 cm 잘라서 리본 만들기
-20

남은 종이띠 길이는?

식 $15+8-20=3$

답 **3 cm**

63

▶ 정답 및 해설 22~23쪽

○ 개념 마무리 2
물음에 답하세요.

01
버스에 12명이 타고 있었는데 정류장에서 7명이 내리고, 9명이 탔습니다.
버스에 타고 있는 사람은 몇 명일까요?

식 $12-7+9=14$ 답 14 명

02
15 cm인 종이띠와 8 cm인 종이띠를 겹치지 않게 이어 붙인 후, 20 cm를
잘라서 리본을 만들었습니다. 남은 종이띠의 길이는 몇 cm일까요?

식 $15+8-20=3$ 답 3 cm

03
식빵이 16장 있는데, 5장은 토스트를 하고, 4장은 샌드위치를 만들어 먹었습
니다. 남은 식빵은 몇 장일까요?

식 $16-5-4=7$ 답 7 장
또는 $16-(5+4)=7$

04
반찬 가게에 반찬 팩 30개가 있습니다. 그중에서 12개를 사람들이 사갔고,
새로 5개를 만들었을 때, 반찬 가게에 남은 반찬 팩은 몇 개일까요?

식 $30-12+5=23$ 답 23 개

05
진우는 5000원으로 1600원짜리 핫도그와 2000원짜리 음료수를 1개씩
사먹었습니다. 진우에게 남은 돈은 얼마일까요?

식 $5000-1600-2000=1400$ 답 1400 원
또는 $5000-(1600+2000)=1400$

06
7000원짜리 가방을 온라인으로 주문할 때 배송비가 3000원이라고 합니다.
통장에 21000원이 있을 때, 이 가방을 사고 남은 돈은 얼마가 될까요?

식 $21000-(7000+3000)=11000$ 답 11000 원
또는 $21000-7000-3000=11000$

2. 혼합 계산 **63**

03 식빵 **16**장으로

5장 토스트
-5

4장 샌드위치
-4

남은 식빵은?

식 $16-5-4=7$

답 **7**장

---

04 반찬 팩 **30**개

12개 팔림
-12

5개 더 만들기
$+5$

남은 반찬 팩은?

식 $30-12+5=23$

답 **23**개

---

05 **5000**원으로

1600원짜리 핫도그
-1600

2000원짜리 음료수 사먹음
-2000

남은 돈 얼마?

식 $5000-1600-2000=1400$

답 **1400**원

---

06 **7000**원짜리 가방 주문

배송비 **3000**원 추가
$+3000$

가진 돈 **21000**원

가방 사고 남은 돈은?

식 $21000-(7000+3000)=11000$

답 **11000**원

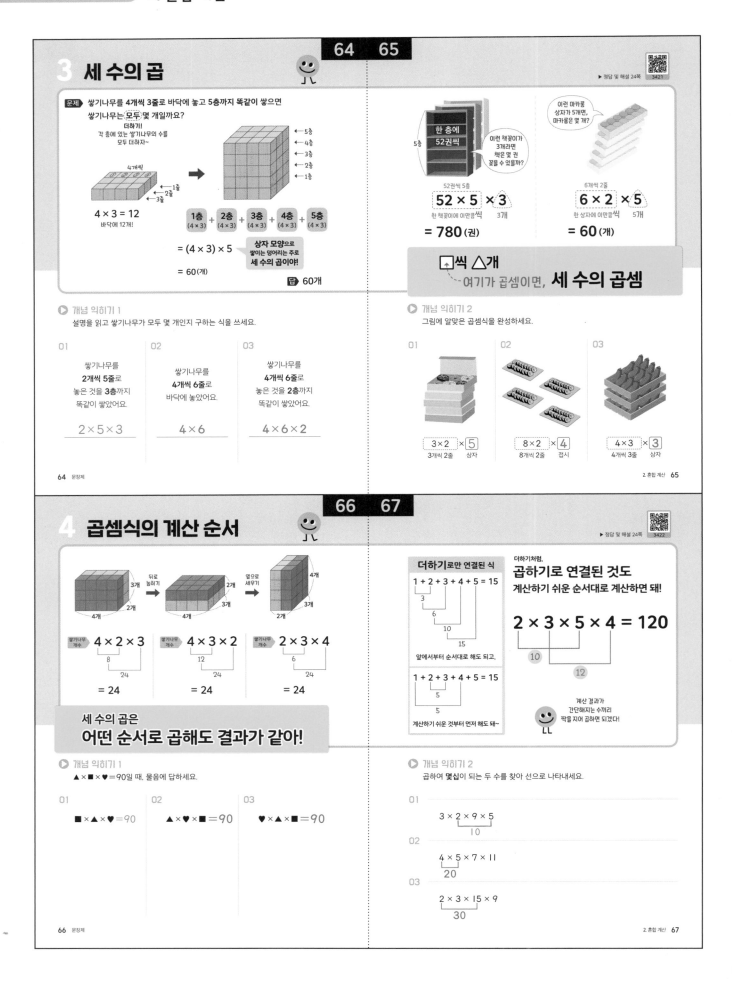

▶ 정답 및 해설 25쪽

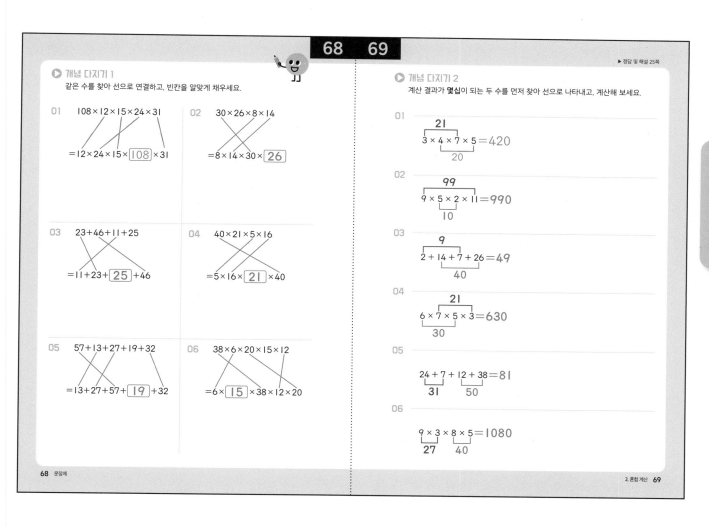

▶ 개념 다지기 1

같은 수를 찾아 선으로 연결하고, 빈칸을 알맞게 채우세요.

01 $108 \times 12 \times 15 \times 24 \times 31$

$= 12 \times 24 \times 15 \times \boxed{108} \times 31$

02 $30 \times 26 \times 8 \times 14$

$= 8 \times 14 \times 30 \times \boxed{26}$

03 $23 + 46 + 11 + 25$

$= 11 + 23 + \boxed{25} + 46$

04 $40 \times 21 \times 5 \times 16$

$= 5 \times 16 \times \boxed{21} \times 40$

05 $57 + 13 + 27 + 19 + 32$

$= 13 + 27 + 57 + \boxed{19} + 32$

06 $38 \times 6 \times 20 \times 15 \times 12$

$= 6 \times \boxed{15} \times 38 \times 12 \times 20$

▶ 개념 다지기 2

계산 결과가 **몇십**이 되는 두 수를 먼저 찾아 선으로 나타내고, 계산해 보세요.

01
$$\overset{21}{3 \times 4} \times 7 \times 5 = 420$$
$\underset{20}{}$

02
$$\overset{99}{9 \times 5} \times 2 \times 11 = 990$$
$\underset{10}{}$

03
$$\overset{9}{2 + 14} + 7 + 26 = 49$$
$\underset{40}{}$

04
$$6 \times \overset{21}{7 \times 5} \times 3 = 630$$
$\underset{30}{}$

05
$$24 + 7 + 12 + 38 = 81$$
$\underset{31}{} \quad \underset{50}{}$

06
$$9 \times 3 \times 8 \times 5 = 1080$$
$\underset{27}{} \quad \underset{40}{}$

2. 혼합 계산 **25**

▶ 개념 마무리 1

주어진 상황과 쌓기나무 개수를 구하는 식이 같은 것끼리 연결하세요.

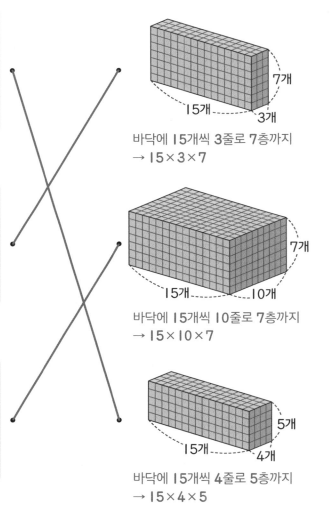

01

한 상자에
15×10

유산균이 15포씩 들어있는 통을 한 상자에 10개씩 담아서 포장했습니다. 상자 4개에 들어있는 유산균은 모두 몇 포일까요? → 15×10×4

바닥에 15개씩 10줄로 4층까지
→ 15×10×4

02

1번에 굽는 쿠키
15×4

철판에 쿠키 반죽을 15개씩 놓고, 4층으로 쌓아 오븐에 구웠습니다. 같은 방법으로 오븐을 5번 사용하여 만든 쿠키는 모두 몇 개일까요?
→ 15×4×5

바닥에 15개씩 3줄로 7층까지
→ 15×3×7

03

하루에
15×3

윗몸일으키기를 매일 15개씩 3번 했습니다. 일주일 동안 윗몸일으키기를 모두 몇 개 했을까요? → 15×3×7

바닥에 15개씩 10줄로 7층까지
→ 15×10×7

04

한쪽에
15×10

받아쓰기 공책은 한쪽이 가로 15칸, 세로 10칸으로 되어 있습니다. 받아쓰기 공책 7쪽은 모두 몇 칸일까요?
→ 15×10×7

바닥에 15개씩 4줄로 5층까지
→ 15×4×5

01 100원짜리 동전 10개가 한 묶음
　　　　$\underline{100 \times 10}$

9묶음
$\underline{\times 9}$

금액은 얼마?

식　$100 \times 10 \times 9$
　　$= 1000 \times 9$
　　$= 9000$

답 9000원

02 쌓기나무 6개씩 4줄
　　　　$\underline{6 \times 4}$

7층까지 쌓기
$\underline{\times 7}$

쌓기나무 개수는?

식　$6 \times 4 \times 7$
　　$= 24 \times 7$
　　$= 168$

답 168개

▶ 정답 및 해설 26~27쪽

71

🔵 개념 마무리 2
물음에 답하세요.

01　100원짜리 동전 10개를 한 묶음으로 하여 9묶음을 만들었을 때, 금액은 모두 얼마일까요?

식　$100 \times 10 \times 9 = 9000$　　답　9000　원

02　쌓기나무를 6개씩 4줄로 놓은 것을 7층까지 똑같이 쌓았을 때, 쌓기나무는 모두 몇 개일까요?

식　$6 \times 4 \times 7 = 168$　　답　168　개

03　한 봉지에 레몬 쿠키 3개와 버터 쿠키 2개씩 포장하여 9봉지를 만들었습니다. 포장된 쿠키는 모두 몇 개일까요?

식　$(3+2) \times 9 = 45$　　답　45　개

04　보리차 티백을 큰 상자로 2개를 샀습니다. 큰 상자 안에 작은 상자가 4개 있고, 작은 상자 안에 티백이 30개 있습니다. 구매한 티백은 모두 몇 개일까요?

식　$2 \times 4 \times 30 = 240$　　답　240　개

05　4000원짜리 다이어리 3개를 온라인 주문할 때, 배송비 2500원이 추가됩니다. 그러면 얼마를 내야 할까요?

식　$4000 \times 3 + 2500 = 14500$　　답　14500　원

06　하루에 줄넘기를 50개씩 4번하여 일주일 동안 줄넘기를 한다면 모두 몇 개를 할 수 있을까요?

식　$50 \times 4 \times 7 = 1400$　　답　1400　개

2. 혼합 계산 **71**

---

03 한 봉지에 레몬 쿠키 **3개**, 버터 쿠키 **2개**
　　　　　　　　　　$\underline{3+2}$

그런 것이 **9봉지**
　　　　$\underline{\times 9}$

포장된 쿠키 개수는?

식　$(3+2) \times 9$
　　$= 5 \times 9$
　　$= 45$

답 45개

04 티백이 든 큰 상자 **2개** 삼

큰 상자 안에는 작은 상자가 **4개**씩
　　　　작은 상자는 모두 $\underline{2 \times 4}$

작은 상자 안에 티백이 **30개**씩
　　　　　$\underline{\times 30}$

구매한 티백은 모두 몇 개?

식　$2 \times 4 \times 30$
　　$= 8 \times 30$
　　$= 240$

답 240개

---

05 **4000원**짜리 다이어리 **3개** 주문
　　　　$\underline{4000 \times 3}$

배송비가 **2500원** 추가
　　　　$\underline{+2500}$

얼마를 내야 할까?

식　$4000 \times 3 + 2500$
　　$= 12000 + 2500$
　　$= 14500$

답 14500원

06 하루에 줄넘기를 **50개**씩 **4번**
　　　　　$\underline{50 \times 4}$

일주일 동안 하기
　$\underline{\times 7}$

줄넘기는 모두 몇 개?

식　$50 \times 4 \times 7$
　　$= 200 \times 7$
　　$= 1400$

답 1400개

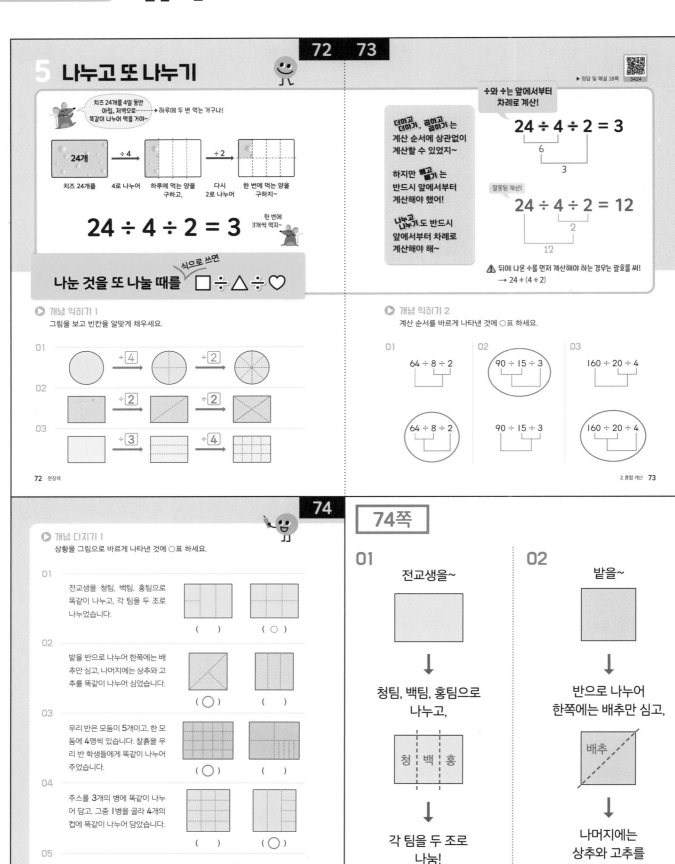

03

우리 반은~

↓

모둠이 **5**개,

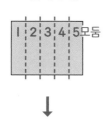

↓

한 모둠에 **4**명씩!

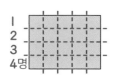

04

주스를 **3**개의 병에
똑같이 나누어 담고~

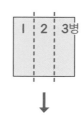

↓

그중 **1**병을 골라서,

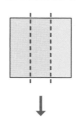

↓

4개의 컵에 똑같이 나눔!

05

책을 **3**칸짜리 책꽂이에
똑같이 나누어 꽂고~

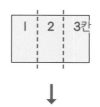

↓

그중 한 칸에는,

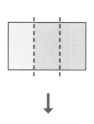

↓

절반이 만화책!

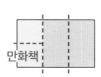

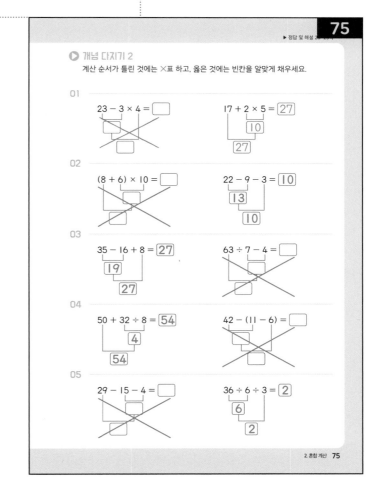

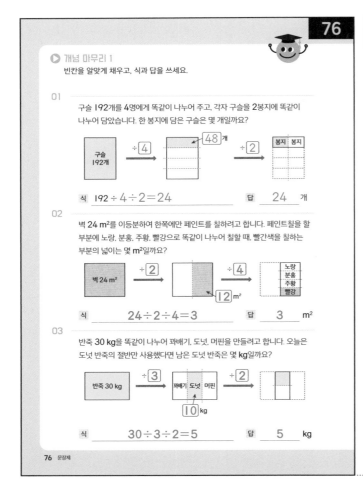

01

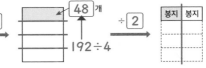

구슬
192개를

4명에게
똑같이
나누고,

각자 구슬을
2봉지에 똑같이
나누어 담음

한 봉지에 들어있는 구슬은 몇 개?

식　　$192 \div 4 \div 2$
　　　$= 48 \div 2$
　　　$= 24$

답　24개

02

벽 24 m²를

이등분하여
한쪽에만
페인트를 칠함

페인트를
노랑, 분홍, 주황, 빨강으로
똑같이 나누어 칠할 때,

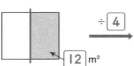

빨간색을 칠하는 부분의 넓이는 몇 m²?

식　　$24 \div 2 \div 4$
　　　$= 12 \div 4$
　　　$= 3$

답　3 m²

03

반죽 30 kg을

똑같이 나누어
꽈배기, 도넛, 머핀을
만들려고 함

도넛 반죽의
절반만
사용했다면

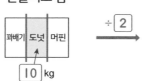

남은 도넛 반죽은 몇 kg?

식　　$30 \div 3 \div 2$
　　　$= 10 \div 2$
　　　$= 5$

답　5 kg

개념 마무리 2

물음에 답하세요.

> ▶ 정답 및 해설 30~31쪽

01 마트에서 사은품으로 물티슈 600개를 준비했습니다. 3일 동안 선착순으로 오전과 오후에 똑같이 나눠 준다면 첫날 오전에는 몇 개를 줄 수 있을까요?

식 $600 \div 3 \div 2 = 100$ 답 100 개

02 인승이는 분식집에 가서 3000원짜리 주먹밥과 4500원짜리 라면을 먹으려는데 현금이 5000원뿐입니다. 부족한 금액은 얼마일까요?

식 $3000 + 4500 - 5000 = 2500$ 답 2500 원

03 한 판에 8조각인 피자 3판을 사서 가족과 함께 17조각을 먹었습니다. 남은 피자는 몇 조각일까요?

식 $8 \times 3 - 17 = 7$ 답 7 조각

04 군밤 100개를 5상자에 똑같이 나누어 담고, 한 상자에 든 군밤을 4명이 똑같이 나누어 먹었습니다. 한 사람이 먹은 군밤은 몇 개일까요?

식 $100 \div 5 \div 4 = 5$ 답 5 개

05 가로 16 cm, 세로 9 cm인 직사각형 20개를 겹치지 않게 이어 붙였을 때, 전체 넓이는 몇 cm²일까요?

식 $16 \times 9 \times 20 = 2880$ 답 2880 cm²

06 초코볼 48개를 4일 동안 똑같이 나누어 먹으려고 합니다. 오늘 먹을 초코볼 중에서 절반을 먹었다면, 오늘 먹은 초코볼은 몇 개일까요?

식 $48 \div 4 \div 2 = 6$ 답 6 개

77쪽

01 물티슈 600개
3일 동안 오전과 오후에 똑같이 나눠 줌
$\div 3$ $\div 2$

첫날 오전에는 몇 개를 줄 수 있을까?

식 $600 \div 3 \div 2$
$= 200 \div 2$
$= 100$ 답 100개

02 **3000원짜리** 주먹밥과 **4500원짜리** 라면을 먹으려는데
필요한 돈 $3000 + 4500$
가진 돈이 **5000원**

부족한 금액은?
(필요한 돈) − (가진 돈)

식 $3000 + 4500 - 5000$
$= 7500 - 5000$
$= 2500$ 답 2500원

03 **8조각짜리** 피자 **3판**
$\underset{8 \times 3}{\underbrace{}}$

17조각 먹음
-17

남은 피자는 몇 조각?

식 $8 \times 3 - 17$
$= 24 - 17$
$= 7$ 답 7조각

04 군밤 **100개**
5상자에 똑같이 나누기
$\div 5$
그중 한 상자를 **4명이** 똑같이 나눠 먹음
$\div 4$

한 사람이 먹은 군밤 수는?

식 $100 \div 5 \div 4$
$= 20 \div 4$
$= 5$ 답 5개

05 가로 **16 cm**, 세로 **9 cm**인 직사각형
직사각형의 넓이 16×9
20개를 이어 붙임
$\times 20$

전체 넓이는?

식 $16 \times 9 \times 20$
$= 144 \times 20$
$= 2880$ 답 2880 cm²

06 초코볼 **48개**
4일 동안 똑같이 나눠 먹기
$\div 4$
오늘 먹을 것 중에 절반 먹음
$\div 2$

오늘 먹은 초코볼 개수는?

식 $48 \div 4 \div 2$
$= 12 \div 2$
$= 6$ 답 6개

78   79

6 ×, ÷의 혼합 계산

▶ 정답 및 해설 32쪽

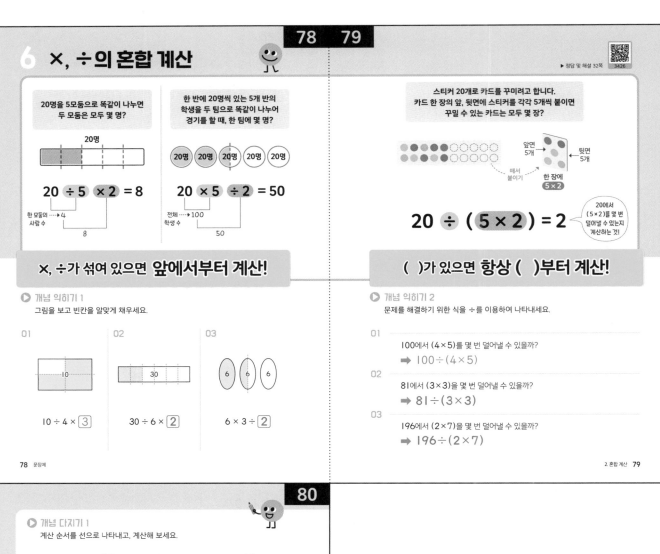

20명을 5모둠으로 똑같이 나누면 두 모둠은 모두 몇 명?

$20 ÷ 5 × 2 = 8$

한 모둠의 사람 수 ····▶4
8

한 반에 20명씩 있는 5개 반의 학생을 두 팀으로 똑같이 나누어 경기를 할 때, 한 팀에 몇 명?

$20 × 5 ÷ 2 = 50$

전체 ····▶100
학생 수
50

스티커 20개로 카드를 꾸미려고 합니다. 카드 한 장의 앞, 뒷면에 스티커를 각각 5개씩 붙이면 꾸밀 수 있는 카드는 모두 몇 장?

앞면 5개   뒷면 5개
떼서 붙이기   한 장에 5×2

$20 ÷ (5 × 2) = 2$

20에서 (5×2)를 몇 번 덜어낼 수 있는지 계산하는 것!

×, ÷가 섞여 있으면 **앞에서부터 계산!**

( )가 있으면 항상 ( )부터 계산!

▶ 개념 익히기 1

그림을 보고 빈칸을 알맞게 채우세요.

01

$10 ÷ 4 × \boxed{3}$

02

$30 ÷ 6 × \boxed{2}$

03

$6 × 3 ÷ \boxed{2}$

▶ 개념 익히기 2

문제를 해결하기 위한 식을 ÷를 이용하여 나타내세요.

01
100에서 (4×5)를 몇 번 덜어낼 수 있을까?
➡ $100 ÷ (4 × 5)$

02
81에서 (3×3)을 몇 번 덜어낼 수 있을까?
➡ $81 ÷ (3 × 3)$

03
196에서 (2×7)을 몇 번 덜어낼 수 있을까?
➡ $196 ÷ (2 × 7)$

80

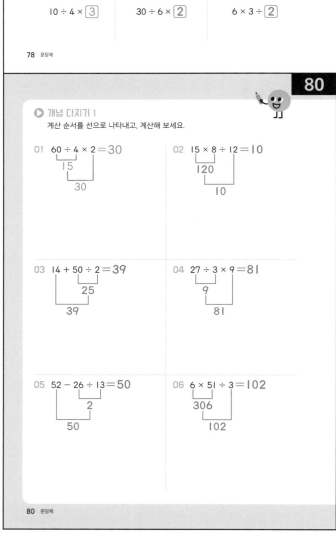

▶ 개념 다지기 1

계산 순서를 선으로 나타내고, 계산해 보세요.

01 $60 ÷ 4 × 2 = 30$
15
30

02 $15 × 8 ÷ 12 = 10$
120
10

03 $14 + 50 ÷ 2 = 39$
25
39

04 $27 ÷ 3 × 9 = 81$
9
81

05 $52 - 26 ÷ 13 = 50$
2
50

06 $6 × 51 ÷ 3 = 102$
306
102

▶ 개념 다지기 2

주어진 상황을 그림으로 바르게 나타낸 것을 찾아 선으로 이으세요.

01
쿠키를 한 판에 **24**개씩 **4**판 → 24×4
을 구워서 남김없이 **3**상자
÷3 ← 에 나누어 담았습니다. 한 상자
에 들어있는 쿠키는 몇 개일
까요?
➡ 24×4÷3

02
체리 **24**개를 접시 **4**개에
÷4 ← 똑같이 나누어 담았습니다.
접시 **3**개에 놓인 체리는
모두 몇 개일까요? → ×3
➡ 24÷4×3

03
색종이 **24**장을 **3**명이 똑같
÷3 ← 이 나누어 가졌는데, 그중에
서 **2**명이 가진 색종이는 모
두 몇 장일까요? → ×2
➡ 24÷3×2

04
한 상자에 **24**개씩 들어있는
×3 ← 떡 **3**상자를 사서 친구와 똑
÷2 ← 같이 나누어 가졌습니다. 친
구에게 준 떡은 몇 개일까요?
➡ 24×3÷2

05
장미 **24**송이를 꽃병 **4**개에
÷4 ← 똑같이 나누어 꽂았는데, 한
곳에서 **3**송이를 뺐습니다. 그
꽃병에 남은 장미는 몇 송이
일까요?
➡ 24÷4−3

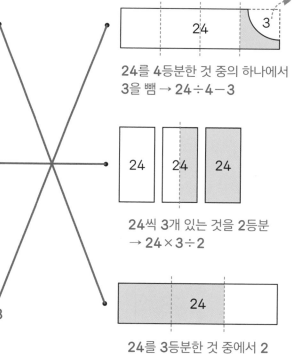

24

24를 4등분한 것 중에 3
→ 24÷4×3

24 24 24 24

24씩 4개 있는 것을 3등분
→ 24×4÷3

24 3

24를 4등분한 것 중의 하나에서
3을 뺌 → 24÷4−3

24 24 24

24씩 3개 있는 것을 2등분
→ 24×3÷2

24

24를 3등분한 것 중에서 2
→ 24÷3×2

2. 혼합 계산 **81**

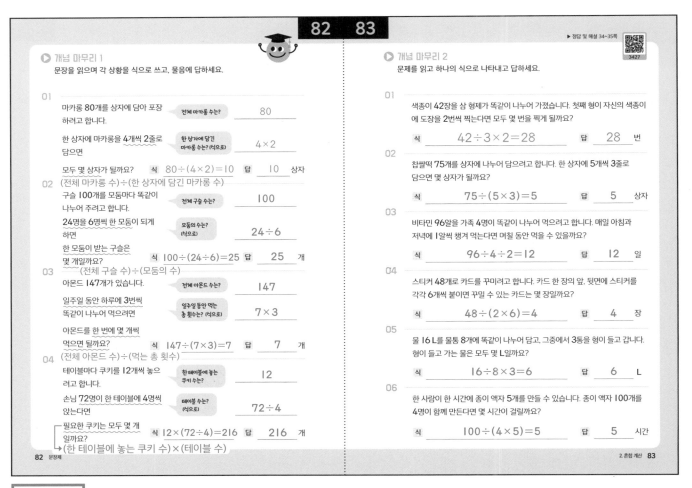

83쪽

01 색종이 **42**장
삼 형제가 똑같이 나눠 가짐
÷3
첫째가 자기 색종이에 도장을 2번씩 찍음
×2

첫째는 도장을 몇 번 찍게 될까?

식 42÷3×2
=14×2
=28   답 28번

02 찹쌀떡 **75**개
한 상자에 5개씩 3줄로 담기
5×3

몇 상자가 될까?

$\left(\begin{array}{c}전체\\찹쌀떡\ 수\end{array}\right)÷\left(\begin{array}{c}한\ 상자에\\담는\ 떡\ 수\end{array}\right)$

식 75÷(5×3)
=75÷15
=5   답 5상자

03 비타민 **96**알을 가족 **4**명이 똑같이 나눠 먹기
가족 한 명당 96÷4

매일 아침과 저녁에 1알씩 먹기
하루에 2번이니까 ÷2

며칠 동안 먹을 수 있을까?

식 96÷4÷2
=24÷2
=12   답 12일

04 스티커 **48**개로
카드 한 장의 앞, 뒷면에 스티커를 **6**개씩 붙이기
카드 한 장에 붙이는 스티커 수 2×6

꾸밀 수 있는 카드는 몇 장?

$\left(\begin{array}{c}전체\\스티커\ 수\end{array}\right)÷\left(\begin{array}{c}카드\ 한\ 장에\\붙이는\ 스티커\ 수\end{array}\right)$

식 48÷(2×6)
=48÷12
=4   답 4장

83쪽

05 물 16 L를 물통 8개에 똑같이 나누어 담음
$\underset{\div 8}{\underline{}}$

그중에 3통을 형이 들고 감
$\underset{\times 3}{\underline{}}$

형이 들고 가는 물은 모두 몇 L?

식　16÷8×3
　　=2×3
　　=6

답 6 L

06 한 사람이 한 시간에 종이 액자 5개를 만듦
종이 액자 100개를 4명이 함께 만들기

1명이 한 시간에 5개씩 만드니까
4명이면 4×5=20개씩 만듦
→ 한 시간에 4명이 20개씩 만듦

걸리는 시간은?
→ 100÷(한 시간에 4명이 만드는 개수)

식　100÷(4×5)
　　=100÷20
　　=5

답 5시간

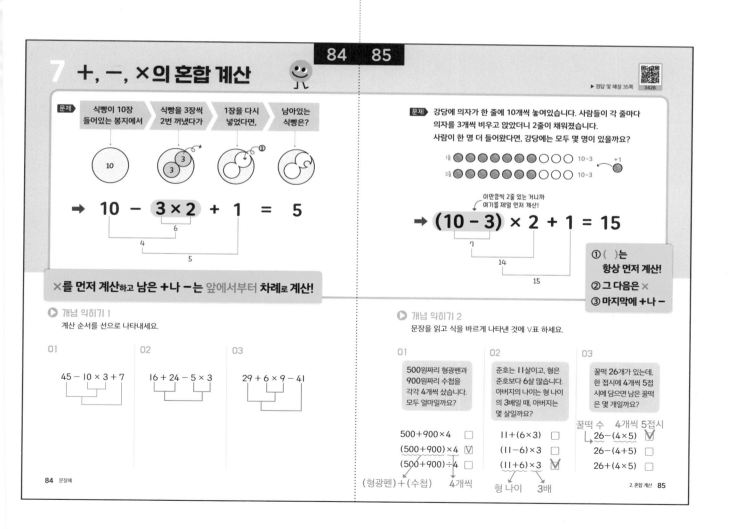

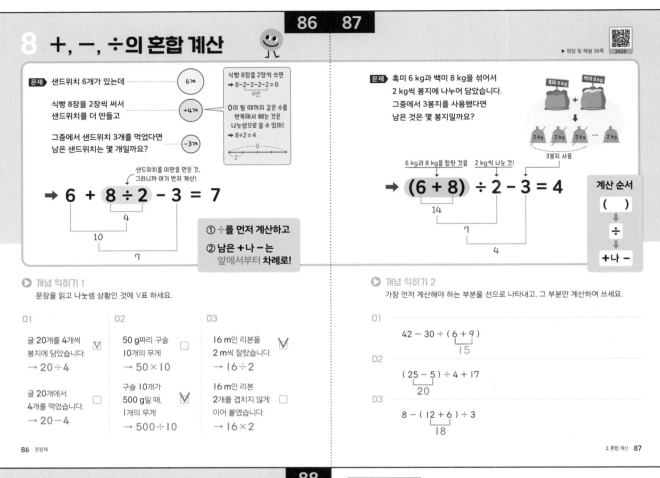

8 +, −, ÷의 혼합 계산

▶정답 및 해설 36쪽

문제 샌드위치 6개가 있는데 ── 6개

식빵 8장을 2장씩 써서
샌드위치를 더 만들고 +4개

그중에서 샌드위치 3개를 먹었다면
남은 샌드위치는 몇 개일까요? −3개

식빵 8장을 2장씩 쓰면
→ 8-2-2-2-2=0
　　　　4번
0이 될 때까지 같은 수를
반복해서 빼는 것은
나눗셈으로 쓸 수 있어!
→ 8÷2=4

샌드위치를 이만큼 만든 것.
그러니까 여기 먼저 계산!

→ 6 + 8 ÷ 2 − 3 = 7

① ÷를 먼저 계산하고
② 남은 +나 −는 앞에서부터 차례로!

문제 흑미 6 kg과 백미 8 kg을 섞어서
2 kg씩 봉지에 나누어 담았습니다.
그중에서 3봉지를 사용했다면
남은 것은 몇 봉지일까요?

흑미 6 kg + 백미 8 kg

2 kg　2 kg　2 kg … 2 kg
3봉지 사용

6 kg과 8 kg을 합한 것을　　2 kg씩 나눈 것!

→ (6 + 8) ÷ 2 − 3 = 4

계산 순서
( )
↓
÷
↓
+나 −

▶ 개념 익히기 1
문장을 읽고 나눗셈 상황인 것에 V표 하세요.

01
귤 20개를 4개씩 봉지에 담았습니다. ☑
→ 20÷4

귤 20개에서 4개를 먹었습니다. ☐
→ 20−4

02
50 g짜리 구슬 10개의 무게 ☐
→ 50×10

구슬 10개가 500 g일 때, 1개의 무게 ☑
→ 500÷10

03
16 m인 리본을 2 m씩 잘랐습니다. ☑
→ 16÷2

16 m인 리본 2개를 겹치지 않게 이어 붙였습니다. ☐
→ 16×2

▶ 개념 익히기 2
가장 먼저 계산해야 하는 부분을 선으로 나타내고, 그 부분만 계산하여 쓰세요.

01
42 − 30 ÷ (6 + 9)
　　　　　　　15

02
(25 − 5) ÷ 4 + 17
　20

03
8 − (12 + 6) ÷ 3
　　　18

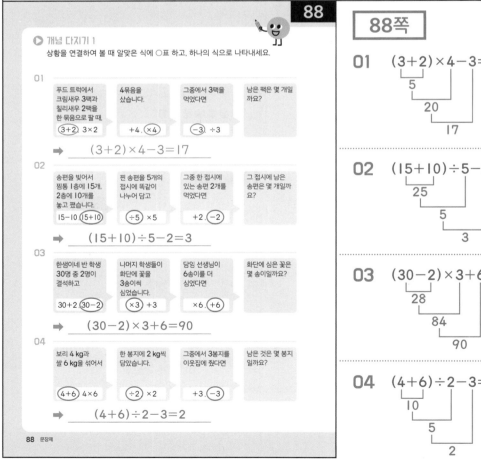

▶ 개념 다지기 1
상황을 연결하여 볼 때 알맞은 식에 ○표 하고, 하나의 식으로 나타내세요.

01
푸드 트럭에서 크림새우 3팩과 칠리새우 2팩을 한 묶음으로 팔 때, ⟮3+2⟯ 3×2 | 4묶음을 샀습니다. +4. ⟮×4⟯ | 그중에 3팩을 먹었다면 ⟮−3⟯ ÷3 | 남은 팩은 몇 개일까요?

➡ (3+2)×4−3=17

02
송편을 빚어서 찜통 1층에 15개, 2층에 10개를 놓고 쪘습니다. 15−10 ⟮15+10⟯ | 찐 송편을 5개의 접시에 똑같이 나누어 담고 ⟮÷5⟯ ×5 | 그중 한 접시에 있는 송편 2개를 먹었다면 +2. ⟮−2⟯ | 그 접시에 남은 송편은 몇 개일까요?

➡ (15+10)÷5−2=3

03
한샘이네 반 학생 30명 중 2명이 결석하고 30+2 ⟮30−2⟯ | 나머지 학생들이 화단에 꽃을 3송이씩 심었습니다. ⟮×3⟯ +3 | 담임 선생님이 6송이를 더 심었다면 ×6. ⟮+6⟯ | 화단에 심은 꽃은 몇 송이일까요?

➡ (30−2)×3+6=90

04
보리 4 kg과 쌀 6 kg을 섞어서 ⟮4+6⟯ 4×6 | 한 봉지에 2 kg씩 담았습니다. ⟮÷2⟯ ×2 | 그중에서 3봉지를 이웃집에 줬다면 +3. ⟮−3⟯ | 남은 것은 몇 봉지일까요?

➡ (4+6)÷2−3=2

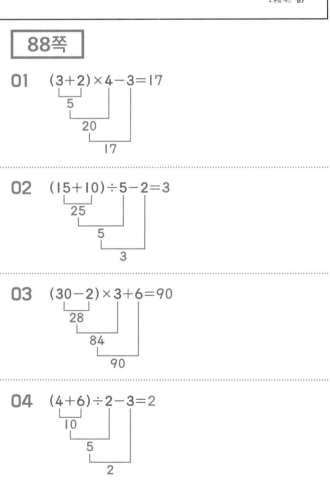

88쪽

01
(3+2)×4−3=17
　5
　　20
　　　17

02
(15+10)÷5−2=3
　　25
　　　5
　　　　3

03
(30−2)×3+6=90
　28
　　84
　　　90

04
(4+6)÷2−3=2
　10
　　5
　　　2

01 $30÷6-3+1=3$
   5
   2
   3

02 $(20+22)÷3-5=9$
   42
   14
   9

03 $(17-2)÷5-1=2$
   15
   3
   2

▶정답 및 해설 3쪽

◯ 개념 다지기 2

각 상황을 식으로 나타내고, 물음에 답하세요.

01

| 색종이가 30장을 6모둠이 똑같이 나누어 가졌습니다. | 그중 수아네 모둠은 3장을 먼저 쓰고 | 선생님에게 1장을 더 받았습니다. | 수아네 모둠에 있는 색종이는 몇 장일까요? |

| 한 모둠이 가진 색종이 수 $30÷6$ | 수아네 모둠에 남은 색종이 수 $30÷6-3$ | 수아네 모둠에 있는 색종이 수 $30÷6-3+1$ |

식 $30÷6-3+1=3$ 답   3   장

02

| 내가 빚은 만두 20개와 오빠가 빚은 만두 22개를 | 3번에 나누어 찌려고 합니다. | 처음에 찐 만두를 접시에 담고 5개를 먹었다면 | 접시에 남은 만두는 몇 개일까요? |

| 전체 만두 수 $20+22$ | 한 번에 찌는 만두 수 $(20+22)÷3$ | 접시에 남아있는 만두 수 $(20+22)÷3-5$ |

식 $(20+22)÷3-5=9$ 답   9   개

03

| 지아가 가진 달걀 17개 중에서 2개가 깨졌습니다. | 남은 달걀을 친구 5명에게 똑같이 나누어 주었는데, | 그중 한 친구가 달걀 1개를 깨뜨렸다면 | 그 친구에게 남은 달걀은 몇 개일까요? |

| 깨지지 않은 달걀 수 $17-2$ | 한 사람이 갖는 달걀 수 $(17-2)÷5$ | 달걀을 깨뜨린 친구에게 남은 달걀 수 $(17-2)÷5-1$ |

식 $(17-2)÷5-1=2$ 답   2   개

◯ 개념 마무리 1

각 상황을 식으로 쓰고, 물음에 답하세요.

01

지은이는 한 봉지에 6개씩 들어있는 쿠키 5봉지를 샀습니다. $6×5$

그중에서 10개를 먹고 -10
쿠키 4개를 더 샀다면 $+4$
지은이가 가진 쿠키는 몇 개일까요?

전체 쿠키 수는? (식으로)	$6×5$
먹고 남은 쿠키 수는? (식으로)	$6×5-10$
가진 쿠키 수는? (식으로)	$6×5-10+4$

식 $6×5-10+4=24$ 답 24 개

02

집에 달걀이 2개 있는데,

한 팩에 10개씩 들어있는 달걀을 3팩 사왔습니다. $10×3$
요리할 때 달걀 6개를 사용했다면 -6
집에 남은 달걀은 몇 개일까요?

집에 있던 달걀 수는?	2
집에 있는 전체 달걀 수는? (식으로)	$2+10×3$
사용하고 남은 달걀 수는? (식으로)	$2+10×3-6$

식 $2+10×3-6=26$ 답 26 개

03

길이가 30 cm인 테이프를 5등분한 것 중의 한 도막과 $30÷5$

길이가 10 cm인 테이프를 연결할 때, $+10$
2 cm가 겹치도록 이어 붙였습니다. -2
이어 붙인 테이프의 전체 길이는 몇 cm일까요?

테이프 한 도막의 길이는? (식으로)	$30÷5$
연결할 테이프의 길이의 합은? (식으로)	$30÷5+10$
겹친 부분을 뺀 전체 길이는? (식으로)	$30÷5+10-2$

식 $30÷5+10-2=14$ 답 14 cm

---

01 $6×5-10+4=24$
   30
   20
   24

02 $2+10×3-6=26$
   30
   32
   26

03 $30÷5+10-2=14$
   6
   16
   14

91쪽

01 복숭아 **30개**
연우네 **5명**, 하온이네 **4명**이 **3개씩** 나눠 가짐
     5+4   ×3

남은 복숭아는 몇 개?
(전체) − (나눠준 수)

식   30−(5+4)×3
    =30−9×3
    =30−27
    =3   **답** 3개

02 고구마 **56개**
우리 집이 **20개** 가짐
          −20
나머지는 두 집에 똑같이 나눠 줌
              ÷2

윗집에 주는 고구마 수는?

식 (56−20)÷2
    =36÷2
    =18   **답** 18개

03 지아는 귤 **4개**를 가지고 있음
오빠가 귤 **10개**의 절반을 지아에게 더 줌
       10÷2

지아한테 있는 귤은 몇 개?
(처음에 갖고 있던 귤 수) + (받은 귤 수)

식   4+10÷2
    =4+5
    =9   **답** 9개

05 한 봉지에 **10개씩** 담긴 호두과자 **5봉지** 삼
          10×5

6명이 **4개씩** 먹음
     6×4

남은 호두과자는 몇 개?
(전체 개수) − (먹은 개수)

식   10×5−6×4
    =50−6×4
    =50−24
    =26   **답** 26개

91

▶ 정답 및 해설 37~38쪽

○ 개념 마무리 2
문제를 읽고 하나의 식으로 나타내고 답하세요.

01 복숭아 30개를 연우네 가족 5명과 하온이네 가족 4명에게 한 사람당 3개씩 나누어 주었습니다. 남은 복숭아는 몇 개일까요?
    식   30−(5+4)×3=3   답   3   개

02 밭에서 고구마 56개를 캤습니다. 고구마 20개는 우리 집에 가져가고, 나머지는 윗집과 아랫집에 똑같이 나누어 줄 때, 윗집에 주는 고구마는 몇 개일까요?
    식   (56−20)÷2=18   답   18   개

03 지아는 귤 4개를 가지고 있습니다. 이때, 오빠가 귤 10개를 가져와서 절반을 지아에게 더 주었습니다. 지아가 가지고 있는 귤은 모두 몇 개일까요?
    식   4+10÷2=9   답   9   개

04 한아는 1200원짜리 노트 4권을 사고, 대은이는 700원짜리 펜 6자루를 샀습니다. 한아가 쓴 돈은 대은이가 쓴 돈보다 얼마나 더 많을까요?
    식   1200×4−700×6=600   답   600   원

05 한 봉지에 10개씩 담긴 호두과자 5봉지를 사서, 6명이 4개씩 먹었습니다. 남은 호두과자는 몇 개일까요?
    식   10×5−6×4=26   답   26   개

06 공원 입장료가 어른은 1500원이고, 어린이는 1000원입니다. 어른 4명과 어린이 8명의 입장료는 얼마일까요?
    식   1500×4+1000×8=14000   답   14000   원

2. 혼합 계산 **91**

---

04 한아는 **1200원짜리** 노트 **4권**을 삼
          1200×4
대은이는 **700원짜리** 펜 **6자루**를 삼
          700×6

한아가 쓴 돈은 대은이가 쓴 돈보다 얼마나 더 많을까?
                          차이 구하기

식   1200×4−700×6
    =4800−700×6
    =4800−4200
    =600   **답** 600원

---

06 입장료가 어른은 **1500원**, 어린이는 **1000원**

어른 **4명**, 어린이 **8명**의 입장료는?
1500×4   1000×8

식   1500×4+1000×8
    =6000+1000×8
    =6000+8000
    =14000   **답** 14000원

9 +, −, ×, ÷의 혼합 계산

▶ 정답 및 해설 39쪽

문제 ▶ 선생님이 색종이 80장을
4모둠에 똑같이 나누어 주었습니다.
우리 모둠에서는 색종이 2장을 사용하고
추가로 5장씩 2묶음을 더 받았습니다.

우리 모둠이 가지고 있는 색종이는 모두 몇 장일까요?

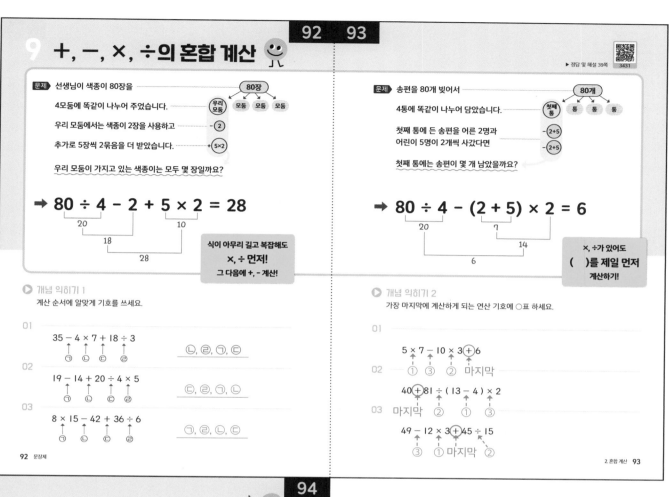

➡ **80 ÷ 4 − 2 + 5 × 2 = 28**

식이 아무리 길고 복잡해도
×, ÷ 먼저!
그 다음에 +, − 계산!

문제 ▶ 송편을 80개 빚어서
4통에 똑같이 나누어 담았습니다.
첫째 통에 든 송편을 어른 2명과
어린이 5명이 2개씩 사갔다면

첫째 통에는 송편이 몇 개 남았을까요?

➡ **80 ÷ 4 − (2 + 5) × 2 = 6**

×, ÷가 있어도
( )를 제일 먼저
계산하기!

▶ 개념 익히기 1
계산 순서에 알맞게 기호를 쓰세요.

01
35 − 4 × 7 + 18 ÷ 3
  ㉠   ㉡   ㉢   ㉣

㉡, ㉣, ㉠, ㉢

02
19 − 14 + 20 ÷ 4 × 5
  ㉠   ㉡   ㉢   ㉣

㉢, ㉣, ㉠, ㉡

03
8 × 15 − 42 + 36 ÷ 6
  ㉠   ㉡   ㉢   ㉣

㉠, ㉣, ㉡, ㉢

▶ 개념 익히기 2
가장 마지막에 계산하게 되는 연산 기호에 ○표 하세요.

01
5 × 7 − 10 × 3 ⊕ 6
  ①   ③   ②   마지막

02
40 ⊕ 81 ÷ (13 − 4) × 2
  마지막   ②   ①   ③

03
49 − 12 × 3 ⊕ 45 ÷ 15
  ③   ①   마지막   ②

92 문장제

2. 혼합 계산 93

▶ 개념 다지기 1
계산 순서를 선으로 나타내고, 계산해 보세요.

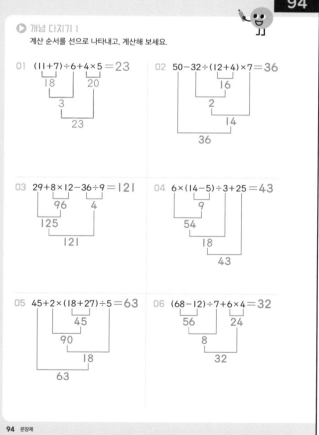

01 (11+7)÷6+4×5 = 23
      18   20
       3
        23

02 50−32÷(12+4)×7 = 36
          16
        2
          14
        36

03 29+8×12−36÷9 = 121
      96   4
     125
        121

04 6×(14−9)÷3+25 = 43
         9
       54
         18
          43

05 45+2×(18+27)÷5 = 63
          45
        90
          18
        63

06 (68−12)÷7+6×4 = 32
       56   24
        8
         32

94 문장제

2. 혼합 계산 **39**

95쪽

01 모든 메뉴를 1000원씩 할인

5000원짜리 짜장면 **4**그릇
$\underline{5000-1000}$ $\underline{\times 4}$ $\rightarrow (5000-1000)\times 4$

2500원짜리 군만두 **2**접시
$\underline{2500-1000}$ $\underline{\times 2}$ $\rightarrow (2500-1000)\times 2$

모두 얼마?
➡ $(5000-1000)\times 4+(2500-1000)\times 2$

---

02 진우는 **11**살, 동생은 진우보다 **3**살 어림
$\underline{11-3}$

어머니는 동생의 **5**배보다 **2**살 많음
$\underline{(11-3)\times 5}$ $\underline{+2}$

어머니 나이는 몇 살?
➡ $(11-3)\times 5+2$

---

03 색종이 **37**장

선아네 **5**명, 용호네 **4**명에게 각각 **3**장씩 줌
$\underline{5+4}$ $\underline{\times 3}$

남은 색종이는 몇 장?
➡ $37-(5+4)\times 3$

---

04 300 cm짜리 리본을 20 cm 잘라냄
$\underline{300-20}$

남은 리본을 똑같이 **4**명이 나눠 가짐
$\underline{\div 4}$

3명이 가진 리본 길이의 합은 몇 cm?
      $\underline{\times 3}$
➡ $(300-20)\div 4\times 3$

---

05 용돈 **5000**원으로 **2000**원짜리 저금통을 삼
$\underline{5000-2000}$

남은 용돈의 절반을 저금통에 넣음
$\underline{\div 2}$

이번 주에 받은 용돈 **5000**원도 저금통에 넣음
$\underline{+5000}$

저금통 안에 있는 돈은 얼마?
➡ $(5000-2000)\div 2+5000$

▶ 정답 및 해설 3쪽

○ 개념 다지기 2

주어진 상황을 하나의 식으로 나타내려고 합니다. 괄호를 알맞은 곳에 표시하세요.

01 식당에서 오늘 하루만 모든 메뉴를 1000원씩 할인하여 판매하고 있습니다. 5000원짜리 짜장면 4그릇과 2500원짜리 군만두 2접시를 먹었다면 얼마를 내야 할까요?

➡ $(5000-1000)\times 4 +(2500-1000)\times 2$

02 진우는 11살이고, 동생은 진우보다 3살 어립니다. 어머니의 나이는 동생 나이의 5배보다 2살 많을 때, 어머니의 나이는 몇 살일까요?

➡ $(11-3)\times 5 + 2$

03 색종이가 37장 있습니다. 선아네 모둠 5명과 용호네 모둠 4명 모두에게 3장씩 나누어줄 때, 남은 색종이는 몇 장일까요?

➡ $37 -(5+4)\times 3$

04 300 cm짜리 리본을 20 cm 잘라낸 후, 남은 리본을 4명이 똑같이 나누어 가졌습니다. 이때, 3명이 가진 리본의 길이를 합하면 몇 cm일까요?

➡ $(300-20)\div 4\times 3$

05 지호는 지난주에 용돈 5000원을 받고 2000원짜리 저금통을 사서, 남은 용돈의 절반을 저금통에 넣었습니다. 그리고 이번 주에 받은 용돈 5000원을 모두 저금통에 넣었다면 현재 저금통 안에 있는 돈은 얼마일까요?

➡ $(5000-2000)\div 2 + 5000$

▶ 개념 마무리 1

문제를 해결하기 위한 식을 보기에서 찾아 기호를 쓰세요.

보기
- ㉠ $52+4-20\times2$
- ㉡ $52\div4\times8+5$
- ㉢ $10000-1500\div2\times5$
- ㉣ $15000-(1500\times4+1000\times8)$
- ㉤ $(52+4)\div2-8$
- ㉥ $1500\div4-1000\div8$

01 2봉지에 1500원인 젤리 5봉지를 사려고 10000원을 냈습니다. 거스름돈은 얼마일까요?
➡ ㉢

02 학생 52명과 선생님 4명이 20인승 버스 2대에 나누어 타고, 나머지는 승합차를 타고 가려고 합니다. 승합차에 탈 사람은 몇 명일까요?
➡ ㉠

03 1500원짜리 아이스크림 4개와 1000원짜리 젤리 8봉지를 사려고 15000원을 냈을 때, 거스름돈은 얼마일까요?
➡ ㉣

04 엄마는 52살이고 아빠는 엄마보다 4살이 많습니다. 형 나이는 아빠 나이의 절반보다 8살이 적을 때, 형 나이는 몇 살일까요?
➡ ㉤

05 학생 52명을 4명씩 한 모둠으로 만들고, 각 모둠에 색종이를 8장씩 주려고 합니다. 여분으로 5장은 선생님이 갖고 있으려면 색종이는 모두 몇 장이 필요할까요?
➡ ㉡

06 도화지 1500장을 4묶음으로 똑같이 나누고, 색종이 1000장을 8묶음으로 똑같이 나누었을 때, 도화지 한 묶음은 색종이 한 묶음보다 몇 장이 더 많을까요?
➡ ㉥

96 문장제

96쪽

01 2봉지에 1500원인 젤리
한 봉지에 $1500\div2$

5봉지를 사려고
$\times5$

10000원을 냈음

거스름돈은 얼마?
(낸 돈)$-$(5봉지 가격)$=10000-1500\div2\times5$

---

02 학생 52명과 선생님 4명
$52+4$

20인승 버스 2대에 타고 나머지는 승합차에 탐
20×2

승합차에 탈 사람은 몇 명?
(전체 사람 수)$-$(버스에 타는 사람 수)$=52+4-20\times2$

---

03 1500원짜리 아이스크림 4개와
1500×4

1000원짜리 젤리 8봉지를 사려고
1000×8

15000원을 냄

거스름돈은 얼마?
(낸 돈)$-$(구입한 아이스크림과 젤리 가격)
$=15000-1500\times4-1000\times8$
$=15000-(1500\times4+1000\times8)$

---

04 엄마는 52살
아빠는 엄마보다 4살 많음
$52+4$

형 나이는 아빠 나이의 절반보다 8살 적음
$(52+4)\div2$ -8

형 나이는 몇 살? $(52+4)\div2-8$

---

05 학생 52명을 4명씩 한 모둠으로 만듦
모둠의 수는 $52\div4$

각 모둠에 색종이를 8장씩 주려고 함
$\times8$

여분으로 5장 필요함
$+5$

색종이는 모두 몇 장이 필요할까? $52\div4\times8+5$

---

06 도화지 1500장을 4묶음으로 나눔
한 묶음에 $1500\div4$

색종이 1000장을 8묶음으로 나눔
한 묶음에 $1000\div8$

도화지 한 묶음은 색종이 한 묶음보다 몇 장이 더 많을까?
$1500\div4-1000\div8$

97쪽

01

> <기헌이가 먹은 간식>
> **붕어빵 2개**

붕어빵 5개는 550 kcal
→ 붕어빵 1개 550÷5
→ 붕어빵 2개 550÷5×2

식 $550÷5×2$
$=110×2$
$=220$

답 220 kcal

02

> <은서가 먹은 간식>
> **우유 2컵,**
> **바나나 50 g**

우유 1컵은 60 kcal
→ 우유 2컵은 60×2

바나나 100 g은 90 kcal
→ 바나나 50 g은 90÷2

식 $60×2+90÷2$
$=120+90÷2$
$=120+45$
$=165$

답 165 kcal

03

> <다현이가 먹은 간식>
> **요구르트 1개,**
> **바나나 200 g,**
> **붕어빵 1개**

요구르트 1개 77

바나나 100 g은 90 kcal
→ 바나나 200 g은 90×2

붕어빵 5개는 550 kcal
→ 붕어빵 1개는 550÷5

식 $77+90×2+550÷5$
$=77+180+550÷5$
$=77+180+110$
$=257+110$
$=367$

답 367 kcal

▶ 정답 및 해설 4

◐ 개념 마무리 2

표를 보고 물음에 답하세요.

간식	우유(1컵)	바나나(100 g)	요구르트(1개)	붕어빵(5개)
열량(kcal)	60	90	77	550

※단위는 킬로칼로리(kcal)입니다.

<기헌이가 먹은 간식>	<은서가 먹은 간식>	<다현이가 먹은 간식>
붕어빵 2개	우유 2컵, 바나나 50 g	요구르트 1개, 바나나 200 g, 붕어빵 1개

01 기헌이가 먹은 간식의 열량을 구하세요.

식 $550÷5×2=220$　　**답** 220 kcal

02 은서가 먹은 간식의 열량을 구하세요.

식 $60×2+90÷2=165$　　**답** 165 kcal

03 다현이가 먹은 간식의 열량을 구하세요.

식 $77+90×2+550÷5=367$　　**답** 367 kcal

04 내일 간식으로 우유 반 컵과 바나나 600 g을 먹는다면 붕어빵 5개를 먹는 것 보다 열량이 얼마나 더 많은지 구하세요.

식 $60÷2+90×6-550=20$　　**답** 20 kcal

2. 혼합 계산 **97**

---

04 우유 반 컵과 바나나 **600 g**은
　　$60÷2$　　　$90×6$

붕어빵 **5개**보다 열량이 얼마나 더 많을까?
　　550

식 $60÷2+90×6-550$
$=30+90×6-550$
$=30+540-550$
$=570-550$
$=20$

답 20 kcal

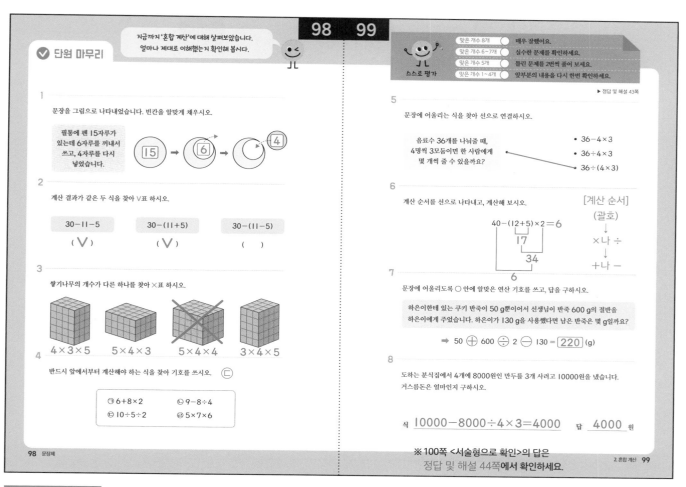

단원 마무리

지금까지 '혼합 계산'에 대해 살펴보았습니다.
얼마나 제대로 이해했는지 확인해 봅시다.

1

문장을 그림으로 나타내었습니다. 빈칸을 알맞게 채우시오.

필통에 펜 15자루가 있는데 6자루를 꺼내서 쓰고, 4자루를 다시 넣었습니다.

$15 \rightarrow 6 \rightarrow +4$

2

계산 결과가 같은 두 식을 찾아 V표 하시오.

$30-11-5$	$30-(11+5)$	$30-(11-5)$
(V)	(V)	( )

3

쌓기나무의 개수가 다른 하나를 찾아 ×표 하시오.

$4\times3\times5$ $5\times4\times3$ $5\times4\times4$ $3\times4\times5$

4

반드시 앞에서부터 계산해야 하는 식을 찾아 기호를 쓰시오. ㉢

㉠ $6+8\times2$	㉡ $9-8\div4$
㉢ $10\div5\div2$	㉣ $5\times7\times6$

5

스스로 평가

맞은 개수 8개	매우 잘했어요.
맞은 개수 6~7개	실수한 문제를 확인하세요.
맞은 개수 5개	틀린 문제를 2번씩 풀어 보세요.
맞은 개수 1~4개	앞부분의 내용을 다시 한번 확인하세요.

▶ 정답 및 해설 43쪽

문장에 어울리는 식을 찾아 선으로 연결하시오.

음료수 36개를 나눠줄 때, 4명씩 3모둠이면 한 사람에게 몇 개씩 줄 수 있을까요?
• $36-4\times3$
• $36\div4\times3$
• $36\div(4\times3)$

6

계산 순서를 선으로 나타내고, 계산해 보시오.

$40-(12+5)\times2=6$
17
34
6

[계산 순서]
(괄호)
↓
×나 ÷
↓
+나 −

7

문장에 어울리도록 ○ 안에 알맞은 연산 기호를 쓰고, 답을 구하시오.

하은이한테 있는 쿠키 반죽이 50 g뿐이어서 선생님이 반죽 600 g의 절반을 하은이에게 주었습니다. 하은이가 130 g을 사용했다면 남은 반죽은 몇 g일까요?

➡ $50 \oplus 600 \div 2 \ominus 130 = 220$ (g)

8

도하는 분식집에서 4개에 8000원인 만두를 3개 사려고 10000원을 냈습니다. 거스름돈은 얼마인지 구하시오.

식 $10000-8000\div4\times3=4000$ 답 4000 원

※ 100쪽 <서술형으로 확인>의 답은 정답 및 해설 44쪽에서 확인하세요.

98 문장제

2. 혼합 계산 99

98~99쪽

2

$30-11-5$ $30-(11+5)$ $30-(11-5)$
19   16   6
14   14   24

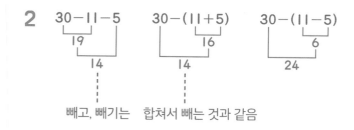

빼고, 빼기는 합쳐서 빼는 것과 같음

5

음료수 **36**개
4명씩 **3**모둠이면
4×3

한 사람에게 몇 개씩?
(음료수) ÷ (사람 수)
→ $36\div(4\times3)$

4

㉠ $6+8\times2$
↑ ↑
② ①

㉡ $9-8\div4$
↑ ↑
② ①

㉢ $10\div5\div2$
÷와 ÷는 항상 앞에서부터 계산해야 함

㉣ $5\times7\times6$
세 수의 곱셈은 어떤 순서로 곱해도 결과가 같음

8

4개에 **8000**원인 만두를 **3**개 사려고
1개 가격은 $8000\div4$ $\times3$
10000원을 냄

거스름돈은 얼마?
(낸 돈) − (만두 3개의 가격)

식
$10000-8000\div4\times3$
$=10000-2000\times3$
$=10000-6000$
$=4000$

답 4000원

2. 혼합 계산 43

1. 식 세우기

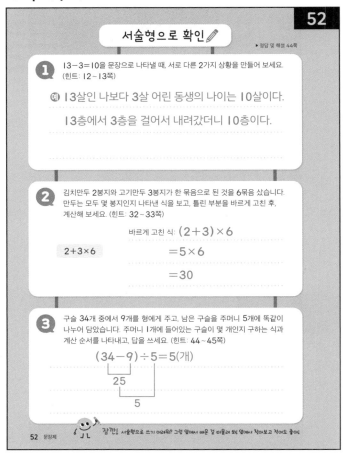

52

서술형으로 확인 ✏

▶정답 및 해설 44쪽

1 13−3=10을 문장으로 나타낼 때, 서로 다른 2가지 상황을 만들어 보세요. (힌트: 12~13쪽)

예 13살인 나보다 3살 어린 동생의 나이는 10살이다.

13층에서 3층을 걸어서 내려갔더니 10층이다.

2 김치만두 2봉지와 고기만두 3봉지가 한 묶음으로 된 것을 6묶음 샀습니다. 만두는 모두 몇 봉지인지 나타낸 식을 보고, 틀린 부분을 바르게 고친 후, 계산해 보세요. (힌트: 32~33쪽)

2+3×6

바르게 고친 식: $(2+3)×6$
$=5×6$
$=30$

3 구슬 34개 중에서 9개를 형에게 주고, 남은 구슬을 주머니 5개에 똑같이 나누어 담았습니다. 주머니 1개에 들어있는 구슬이 몇 개인지 구하는 식과 계산 순서를 나타내고, 답을 쓰세요. (힌트: 44~45쪽)

$(34−9)÷5=5$(개)
25
5

52 문장제   잠깐! 서술형으로 쓰기 어려워? 그럼 앞에서 배운 걸 떠올려 봐! 앞에서 찾아보고 적어도 좋아!

2. 혼합 계산

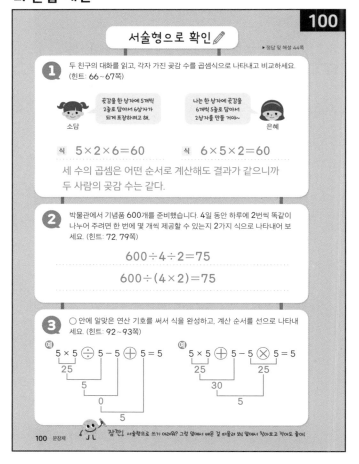

100

서술형으로 확인 ✏

▶정답 및 해설 44쪽

1 두 친구의 대화를 읽고, 각자 가진 곶감 수를 곱셈식으로 나타내고 비교하세요. (힌트: 66~67쪽)

소담: 곶감을 한 상자에 5개씩 2줄로 담아서 6상자가 되게 포장하려고 해.

은혜: 나는 한 상자에 곶감을 6개씩 5줄로 담아서 2상자를 만들 거야~

식 $5×2×6=60$ 식 $6×5×2=60$

세 수의 곱셈은 어떤 순서로 계산해도 결과가 같으니까 두 사람의 곶감 수는 같다.

2 박물관에서 기념품 600개를 준비했습니다. 4일 동안 하루에 2번씩 똑같이 나누어 주려면 한 번에 몇 개씩 제공할 수 있는지 2가지 식으로 나타내어 보세요. (힌트: 72, 79쪽)

$600÷4÷2=75$

$600÷(4×2)=75$

3 ○ 안에 알맞은 연산 기호를 써서 식을 완성하고, 계산 순서를 선으로 나타내세요. (힌트: 92~93쪽)

예 $5×5 ÷ 5−5 ＋ 5=5$
25
5
0
5

예 $5×5 ＋ 5−5 ✕ 5=5$
25
25
30
5

100 문장제   잠깐! 서술형으로 쓰기 어려워? 그럼 앞에서 배운 걸 떠올려 봐! 앞에서 찾아보고 적어도 좋아!

문장을 식으로 나타내기

▶ 상황에 알맞은 식을 보기에서 찾아 기호를 쓰세요.

보기

ㄱ (23+19)÷7   ㄴ 23−19+7   ㄷ 23×19+7

ㄹ 23+19−7   ㅁ (23−19)×7   ㅂ 23×(19−7)

버스에 23명이 타고 있었는데
이번 정류장에서 19명이 내리고, 7명이 탔습니다.
버스에 있는 사람은 몇 명일까요?   ㄴ 23−19+7

        −19   +7

23+19−7 ㄹ   한샘이네 반은 여학생이 23명, 남학생이
19명입니다. 오늘 준비물을 안 가져온
학생이 7명이라면 준비물을 가져온
학생은 몇 명일까요?

(전체 학생 수) − (준비물을 안 가져온 학생 수)

오전에 수확한 옥수수 23개와 오후에 수확한
옥수수 19개를 7개의 상자에 똑같이 나누어
담았습니다. 한 상자에 담은 옥수수는   ㄱ (23+19)÷7
몇 개일까요? (전체 옥수수 개수)÷7

한 봉지에 풍선이 23개씩 들어있는데,
그중에서 19개는 색깔 풍선이고, 나머지는
(23−19)×7 ㅁ   투명 풍선입니다. 7봉지에 들어있는
23−19 ◀ 투명 풍선은 모두 몇 개일까요?

(한 봉지에 들어있는 투명 풍선 수)×7

① 곳감 36개를
  나와 동생이 3개씩 먹음
  　　　　　　2×3
  남은 곳감을 5개의 접시에 똑같이 나누면
  36−2×3　　　　　　÷5

  한 접시에 몇 개?
  ➡ (36−2×3)÷5

② 역사책 22권, 과학책 15권, 영어책 14권을
  　　　　22+15+14
  3층짜리 책꽂이에 나눠 꽂으면
  　　　　　　÷3

  한 층에 몇 권?
  ➡ (22+15+14)÷3

③ 밥 1인분을 짓는 데 쌀이 120 g 필요함
  매일 3인분씩
  　　×3

  일주일 동안 밥을 짓는 데 필요한 쌀은 몇 g?
  　　×7
  ➡ 120×3×7

④ 올해 세아의 나이는 12살
  5년 후 할머니 나이는 세아 나이의 4배보다
  　　　　　　　　　12+5　　×4

  2살 더 많음
  +2

  5년 후 할머니의 나이는?
  ➡ (12+5)×4+2

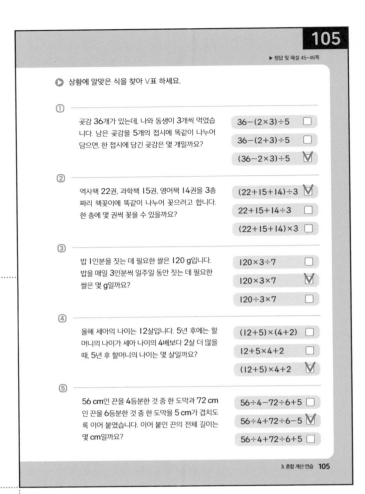

⑤ 56 cm인 끈을 4등분한 것 중 한 도막과
  　56÷4
  72 cm인 끈을 6등분한 것 중 한 도막을
  　72÷6
  5 cm가 겹치도록 이어 붙였음
  　−5

  이어 붙인 끈의 전체 길이는?
  ➡ 56÷4+72÷6−5

① 식혜 2400 mL
병 **4**개에 똑같이 나누어 담기
⎽⎽⎽⎽⎽⎽⎽⎽⎽⎽⎽⎽⎽⎽⎽⎽⎽⎽
÷4
그중 한 병을 **3**일 동안 나눠 마신다면,
⎽⎽⎽⎽⎽⎽⎽⎽⎽⎽⎽⎽⎽⎽⎽⎽⎽⎽⎽⎽⎽
÷3

하루에 몇 **mL**씩 마실까?
➡ 2400÷4÷3

---

② 토마토 **207**개
9상자에 똑같이 나눠 담음
⎽⎽⎽⎽⎽⎽⎽⎽⎽⎽⎽⎽⎽⎽⎽⎽⎽⎽
÷9

그중에서 상자 **4**개에 담은 토마토는 몇 개?
⎽⎽⎽⎽⎽⎽⎽⎽⎽⎽⎽⎽⎽⎽⎽⎽⎽⎽⎽⎽⎽⎽⎽⎽⎽⎽
×4
➡ 207÷9×4

---

③ 비누 **1**개는 **120 g**
치약 **4**개는 **600 g**

비누 **3**개와 치약 **1**개의 무게는 몇 **g**?
120×3   600÷4
➡ 120×3+600÷4

---

④ 주스 **840 mL**를 **7**컵에,
⎽⎽⎽⎽⎽⎽⎽⎽⎽⎽⎽⎽⎽⎽⎽⎽
840÷7
우유 **900 mL**를 **6**컵에 똑같이 나눠 담음
⎽⎽⎽⎽⎽⎽⎽⎽⎽⎽⎽⎽⎽⎽⎽⎽⎽⎽⎽⎽⎽⎽⎽⎽⎽⎽
900÷6

우유 **1**컵은 주스 **1**컵보다 얼마나 많을까?
➡ 900÷6−840÷7

106

◉ 상황을 식으로 나타낼 때, ○ 안에 알맞은 연산 기호를 쓰세요.

①
할머니가 식혜 2400 mL를 만들었습니다. 병 4개에 똑같이 나누어 담아 그중에
한 병을 3일 동안 나누어 마신다면, 하루에 몇 mL씩 마실 수 있을까요?

➡ 2400 ⊖ 4 ⊖ 3

②
토마토 207개를 9상자에 똑같이 나누어 담았습니다. 그중에서 상자 4개에
담은 토마토는 몇 개일까요?

➡ 207 ⊖ 9 ⊗ 4

③
비누 1개의 무게는 120 g이고, 치약 4개의 무게는 600 g입니다.
비누 3개와 치약 1개의 무게를 합하면 몇 g일까요?

➡ 120 ⊗ 3 ⊕ 600 ⊖ 4

④
주스 840 mL를 7컵에, 우유 900 mL를 6컵에 각각 똑같이 나누어 담았습니
다. 우유 1컵의 양은 주스 1컵의 양보다 몇 mL 더 많을까요?

➡ 900 ⊖ 6 ⊖ 840 ⊖ 7

⑤
미나는 3000원을 가지고 빵집에 갔습니다. 1개에 1100원인 크림빵 2개와
5개에 8000원인 초코빵 1개를 사려면 얼마가 더 필요할까요?

➡ 1100 ⊗ 2 ⊕ 8000 ⊖ 5 ⊖ 3000

106 문장제

⑤ **3000**원으로
1개에 **1100**원인 크림빵 **2**개와
⎽⎽⎽⎽⎽⎽⎽⎽⎽⎽⎽⎽⎽⎽⎽⎽⎽⎽⎽⎽⎽⎽⎽⎽
1100×2
5개에 **8000**원인 초코빵 **1**개를 사려면
⎽⎽⎽⎽⎽⎽⎽⎽⎽⎽⎽⎽⎽⎽⎽⎽⎽⎽⎽⎽⎽⎽⎽⎽⎽⎽
8000÷5

얼마가 더 필요할까?
더 필요한 돈은 (전체 구매 가격)−(가진 돈)
⎽⎽⎽⎽⎽⎽⎽⎽⎽⎽⎽⎽⎽⎽⎽⎽⎽⎽⎽⎽⎽⎽⎽⎽⎽⎽⎽⎽⎽⎽⎽⎽⎽⎽
➡ 1100×2+8000÷5−3000

정답 및 해설

107쪽

① 올해 예나는 **11**살
동생은 예나보다 **3**살 어림
$\underline{11-3}$

아버지의 나이는 동생 나이의 **5**배보다 **2**살 많음
$\underline{\times 5}$　　$\underline{+2}$

아버지의 나이는?

➡ $(11-3)\times 5+2$

② 마카롱 **45**개
여학생 **5**명과 남학생 **6**명이
$\underline{5+6}$

각각 **3**개씩 먹음
$\underline{\times 3}$

남은 마카롱 수는?

➡ $45-(5+6)\times 3$

③ 머리띠 **120**개 중 불량품 **15**개를 빼고
$\underline{120-15}$

7개의 상자에 똑같이 나눠 담음
$\underline{\div 7}$

그중 **2**상자에 들어있는 머리띠는 몇 개?
$\underline{\times 2}$

➡ $(120-15)\div 7\times 2$

④ **1800**원짜리 빵 **3**개와
$\underline{1800\times 3}$

1200원짜리 음료 **2**개를 사고
$\underline{1200\times 2}$

10000원을 냄

거스름돈은 얼마?

➡ $10000-(1800\times 3+1200\times 2)$

▶ 정답 및 해설 47~48쪽

107

알맞은 곳에 괄호를 표시하여 식을 바르게 완성하세요.

① 예나는 올해 11살이고, 동생은 예나보다 3살 어립니다. 아버지의 나이는 동생 나이의 5배보다 2살 많습니다. 아버지의 나이는 몇 살일까요?

➡ $(11-3)\times 5+2$

② 마카롱이 45개 있습니다. 여학생 5명과 남학생 6명이 각각 3개씩 먹었을 때, 남은 마카롱은 몇 개일까요?

➡ $45-(5+6)\times 3$

③ 공장에서 머리띠 120개를 생산하여 불량품 15개를 제외하고 7개의 상자에 똑같이 나누어 담았습니다. 그중 2상자에 들어있는 머리띠는 몇 개일까요?

➡ $(120-15)\div 7\times 2$

④ 하준이는 1800원짜리 빵 3개와 1200원짜리 음료 2개를 사고 10000원을 냈습니다. 거스름돈은 얼마일까요?

➡ $10000-(1800\times 3+1200\times 2)$

⑤ 준혁이네 반 학생은 남학생이 13명, 여학생이 15명입니다. 11명씩 2팀을 만들어 피구를 하고, 피구를 하지 않는 학생들의 절반은 다른 반 학생 4명과 함께 응원을 했습니다. 응원을 한 학생은 몇 명일까요?

➡ $(13+15-11\times 2)\div 2+4$

3. 혼합 계산 연습　**107**

---

⑤ 남학생 **13**명, 여학생 **15**명
$\underline{13+15}$

11명씩 **2**팀을 만들어 피구를 함
$\underline{11\times 2}$

피구를 안 하는 학생의 절반은
→ {(전체 학생 수)−(피구를 하는 학생 수)}÷2
$=(13+15-11\times 2)\div 2$

다른 반 학생 **4**명과 응원함
$\underline{+4}$

응원을 한 학생은 몇 명?
→ (피구를 안 한 학생의 절반)+(다른 반 학생 4명)
$=(13+15-11\times 2)\div 2+4$

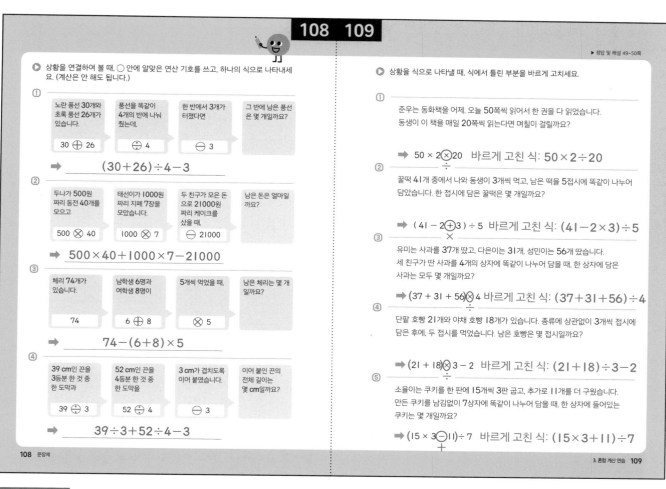

109쪽

① 동화책을 하루에 **50쪽씩 이틀** 동안 다 읽음
$$50 \times 2$$

이 책을 매일 **20쪽씩** 읽으면
$$\div 20$$

며칠 걸릴까?
➡ $50 \times 2 \div 20$

② 꿀떡 **41개**

나와 동생이 **3개씩** 먹음
$$2 \times 3$$

남은 떡을 **5접시**에 똑같이 나눔
$41 - 2 \times 3$ $\qquad \div 5$

한 접시에 꿀떡은 몇 개?
➡ $(41 - 2 \times 3) \div 5$

③ 세 사람이 사과를 각각 **37개, 31개, 56개** 땄음
$$37 + 31 + 56$$

딴 사과를 모두 **4개의 상자**에 똑같이 나누어 담을 때,
$$\div 4$$

한 상자에 담은 사과는 몇 개?
➡ $(37 + 31 + 56) \div 4$

④ 단팥 호빵 **21개**와 야채 호빵 **18개**
$$21 + 18$$

종류에 상관없이 **3개씩** 접시에 담고,
$$\div 3$$

두 접시를 먹음
$$-2$$

남은 호빵은 몇 접시?
➡ $(21 + 18) \div 3 - 2$

3. 혼합 계산 연습 **49**

109쪽

⑤ 쿠키를 한 판에 15개씩 3판 굽고,
$\underbrace{\qquad\qquad}_{15\times3}$

추가로 11개를 더 구웠음
$\underbrace{\quad}_{+11}$

쿠키를 7상자에 똑같이 나눠 담을 때,
$\underbrace{\qquad\qquad}_{\div7}$

한 상자에 들어있는 쿠키는 몇 개?

➡ $(15\times3+11)\div7$

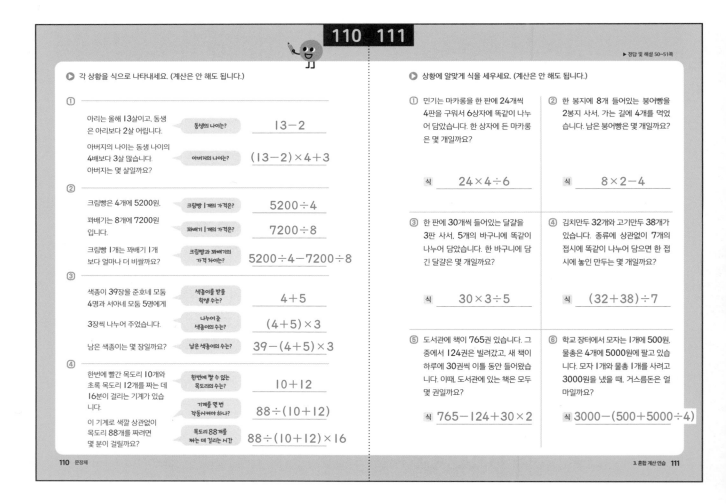

110　111

▶ 정답 및 해설 50~51쪽

▶ 각 상황을 식으로 나타내세요. (계산은 안 해도 됩니다.)

①
아리는 올해 13살이고, 동생은 아리보다 2살 어립니다. ┃ 동생의 나이는? ┃ $13-2$

아버지의 나이는 동생 나이의 4배보다 3살 많습니다. 아버지는 몇 살일까요? ┃ 아버지의 나이는? ┃ $(13-2)\times4+3$

②
크림빵은 4개에 5200원. ┃ 크림빵 1개의 가격은? ┃ $5200\div4$

꽈배기는 8개에 7200원입니다. ┃ 꽈배기 1개의 가격은? ┃ $7200\div8$

크림빵 1개는 꽈배기 1개보다 얼마나 더 비쌀까요? ┃ 크림빵과 꽈배기의 가격 차이는? ┃ $5200\div4-7200\div8$

③
색종이가 39장을 준호네 모둠 4명과 서아네 모둠 5명에게 ┃ 색종이를 받을 학생 수는? ┃ $4+5$

3장씩 나누어 주었습니다. ┃ 나누어 준 색종이의 수는? ┃ $(4+5)\times3$

남은 색종이는 몇 장일까요? ┃ 남은 색종이의 수는? ┃ $39-(4+5)\times3$

④
한번에 빨간 목도리 10개와 초록 목도리 12개를 짜는 데 16분이 걸리는 기계가 있습니다. ┃ 한번에 짤 수 있는 목도리의 수는? ┃ $10+12$

┃ 기계를 몇 번 작동시켜야 하나? ┃ $88\div(10+12)$

이 기계로 색깔 상관없이 목도리 88개를 짜려면 몇 분이 걸릴까요? ┃ 목도리 88개를 짜는 데 걸리는 시간 ┃ $88\div(10+12)\times16$

▶ 상황에 알맞게 식을 세우세요. (계산은 안 해도 됩니다.)

① 민기는 마카롱을 한 판에 24개씩 4판을 구워서 6상자에 똑같이 나누어 담았습니다. 한 상자에 든 마카롱은 몇 개일까요?

식　$24\times4\div6$

② 한 봉지에 8개 들어있는 붕어빵을 2봉지 사서, 가는 길에 4개를 먹었습니다. 남은 붕어빵은 몇 개일까요?

식　$8\times2-4$

③ 한 판에 30개씩 들어있는 달걀을 3판 사서, 5개의 바구니에 똑같이 나누어 담았습니다. 한 바구니에 담긴 달걀은 몇 개일까요?

식　$30\times3\div5$

④ 김치만두 32개와 고기만두 38개가 있습니다. 종류에 상관없이 7개의 접시에 똑같이 나누어 담으면 한 접시에 놓인 만두는 몇 개일까요?

식　$(32+38)\div7$

⑤ 도서관에 책이 765권 있습니다. 그 중에서 124권은 빌려갔고, 새 책이 하루에 30권씩 이틀 동안 들어왔습니다. 이때, 도서관에 있는 책은 모두 몇 권일까요?

식　$765-124+30\times2$

⑥ 학교 장터에서 모자는 1개에 500원, 물총은 4개에 5000원에 팔고 있습니다. 모자 1개와 물총 1개를 사려고 3000원을 냈을 때, 거스름돈은 얼마일까요?

식　$3000-(500+5000\div4)$

① 마카롱을 한 판에 **24**개씩 **4**판 구움
　　　　　24×4
6상자에 똑같이 나눠 담음
　　　÷6

한 상자에 들어있는 마카롱은 몇 개?
식 24×4÷6

② 한 봉지에 **8**개 들어있는 붕어빵 **2**봉지를 삼
　　　　8×2
가는 길에 **4**개를 먹음
　　　−4

남은 붕어빵은 몇 개?
식 8×2−4

③ **30**개짜리 달걀 **3**판 삼
　　　30×3
바구니 **5**개에 똑같이 나눠 담음
　　　÷5

한 바구니에 담긴 달걀은 몇 개?
식 30×3÷5

④ 김치만두 **32**개와 고기만두 **38**개를
　　　32+38
7개의 접시에 똑같이 나눠 담음
　　　÷7

한 접시에 놓인 만두는 몇 개?
식 (32+38)÷7

⑤ 도서관에 책이 **765**권 있음
그중에서 **124**권을 빌려갔고
　　　−124
새 책이 하루에 **30**권씩 이틀 동안 들어옴
　　　30×2

도서관에 있는 책은 몇 권?
식 765−124+30×2

⑥ 모자 **1**개 **500**원
물총 **4**개 **5000**원
모자 **1**개, 물총 **1**개 사려고 **3000**원 냄
　500　5000÷4

거스름돈은 얼마?
(낸 돈)−(구입한 가격)
식 3000−(500+5000÷4)

112

복잡한 계산하기

▶ 계산해 보세요.

[계산 순서]

(괄호) ➡ ×나 ÷ ➡ +나 −

① $9 \times (5 + 14 \div 2) = 108$
- 7
- 12
- 108

② $37 - 15 \div (24 \div 8) = 32$
- 3
- 5
- 32

③ $18 \div (16 - 7) \times 3 = 6$
- 9
- 2
- 6

④ $(6 \times 3 + 46) \div 8 = 8$

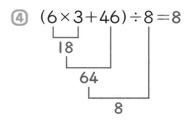

⑤ $31 + 3 \times 15 \div 9 - 4 = 32$
- 45
- 5
- 36
- 32

⑥ $5 \times (72 \div 8 + 6) - 28 \div 7 = 71$

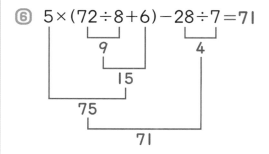

▶ 정답 및 해설 52~53쪽

◎ 계산 결과가 옳은 것에 ○표, 틀린 것에 ✕표 하세요.

$78-5\times(9+6)=3$ ○
15
75
3

$63\div(35-7\times4)=9$ ○
28
7
9

$11+2\times8-10=94$ ✕
16
27
17

$11+(12\times5-48\div6)=13$ ✕
60   8
52
63

$(56+24)\div5-4\times3=4$ ○
80   12
16
4

$9\times(5+6)\div3=66$ ✕
11
99
33

계산 결과가 같은 것끼리 선으로 이으세요.

① 75÷(5×3)
    └15┘
    └─5─┘
  =5

48÷(9+3)÷2=2
  └12┘
  └4┘
    └2┘

② 90÷15÷3
   └6┘
   └─2─┘
  =2

26−3×7=5
  └21┘
  └5┘

③ 3×5+4×6
   └15┘ └24┘
   └─39─┘
  =39

85−(4×9+3×8)=25
   └36┘ └24┘
      └60┘
   └25┘

④ 10+20÷2
      └10┘
   └20┘
  =20

45−5×(30÷6)=20
        └5┘
      └25┘
   └20┘

⑤ 11+4×7÷2
    └28┘
     └14┘
   └25┘
  =25

32+(59−10)÷7=39
      └49┘
       └7┘
   └39┘

▶ 정답 및 해설 54~55쪽

▶ 계산 결과가 큰 것부터 차례대로 글자를 써서 단어를 만들어 보세요.

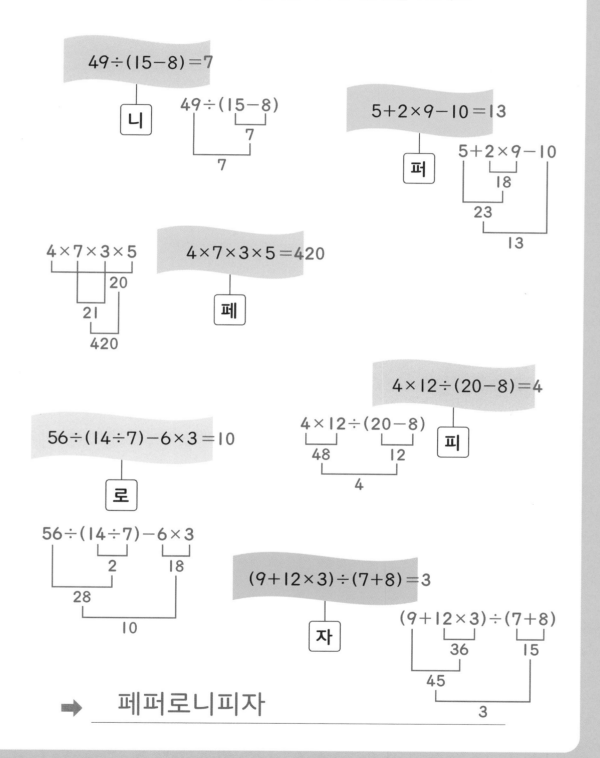

$49 \div (15-8) = 7$

니

$49 \div (15-8)$
7
7

$5+2 \times 9-10 = 13$

퍼

$5+2 \times 9-10$
18
23
13

$4 \times 7 \times 3 \times 5$
20
21
420

$4 \times 7 \times 3 \times 5 = 420$

페

$4 \times 12 \div (20-8) = 4$

$4 \times 12 \div (20-8)$
48
12
4

피

$56 \div (14 \div 7) - 6 \times 3 = 10$

로

$56 \div (14 \div 7) - 6 \times 3$
2
18
28
10

$(9+12 \times 3) \div (7+8) = 3$

자

$(9+12 \times 3) \div (7+8)$
36
15
45
3

➡ 페퍼로니피자

116쪽

① 5 m짜리 색 테이프
500 cm

196 cm 씀
−196

남은 것에 80 cm짜리 이어 붙임
＋80

전체 길이는?
식 500−196＋80
＝304＋80
＝384

답 384 cm

② 남학생 65명, 여학생 59명
65＋59

한 줄에 4명씩 줄 서기
÷4

몇 줄이 될까?
식 (65＋59)÷4
＝124÷4
＝31

답 31줄

③ 도넛 84개
한 상자에 6개씩 2줄로 담기
6×2

상자는 몇 개?
식 84÷(6×2)
＝84÷12
＝7

답 7개

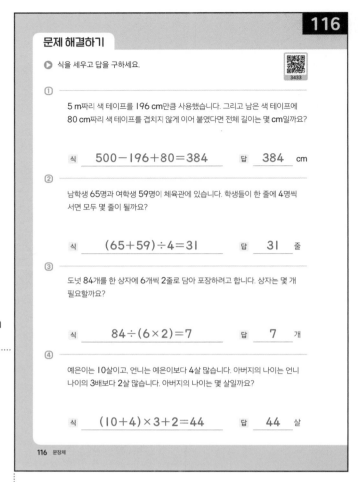

116

문제 해결하기

▶ 식을 세우고 답을 구하세요.

①
5 m짜리 색 테이프를 196 cm만큼 사용했습니다. 그리고 남은 색 테이프에 80 cm짜리 색 테이프를 겹치지 않게 이어 붙였다면 전체 길이는 몇 cm일까요?

식   500−196＋80＝384   답   384   cm

②
남학생 65명과 여학생 59명이 체육관에 있습니다. 학생들이 한 줄에 4명씩 서면 모두 몇 줄이 될까요?

식   (65＋59)÷4＝31   답   31   줄

③
도넛 84개를 한 상자에 6개씩 2줄로 담아 포장하려고 합니다. 상자는 몇 개 필요할까요?

식   84÷(6×2)＝7   답   7   개

④
예은이는 10살이고, 언니는 예은이보다 4살 많습니다. 아버지의 나이는 언니 나이의 3배보다 2살 많습니다. 아버지의 나이는 몇 살일까요?

식   (10＋4)×3＋2＝44   답   44   살

116 문장제

④ 예은이는 10살
언니는 예은이보다 4살 많음
10＋4

아버지의 나이는 언니 나이의 3배보다 2살 많음
×3   ＋2

아버지의 나이는 몇 살?
식 (10＋4)×3＋2
＝14×3＋2
＝42＋2
＝44

답 44살

⑤ 학생 1명이 종이학을 1분에 2개 접음

학생 6명이

6명이 1분 동안 접은 종이학은 6×2

종이학을 300개 접으려면 몇 분이 걸릴까?

→ $300 \div$ (학생 6명이 1분 동안 접은 종이학 수)

식 $300 \div (6 \times 2)$
$\quad = 300 \div 12$
$\quad = 25$

답 25분

⑥ 호박전 37개와 육전 35개

$\qquad 37 + 35$

한 접시에 10개씩 5접시에 담음

$\qquad 10 \times 5$

남은 전은 몇 개?

식 $37 + 35 - 10 \times 5$
$\quad = 37 + 35 - 50$
$\quad = 72 - 50$
$\quad = 22$

답 22개

⑦ 장미 30송이

11송이씩 꽃다발 2개를 만들고,

$\qquad 11 \times 2$

남은 장미는

$30 - 11 \times 2$

다른 꽃 7송이와 함께 꽃바구니를 만듦

$\qquad +7$

꽃바구니에 사용된 꽃은 몇 송이?

식 $30 - 11 \times 2 + 7$
$\quad = 30 - 22 + 7$
$\quad = 8 + 7$
$\quad = 15$

답 15송이

---

⑤ 은수네 반 학생들은 종이학을 1분에 2개씩 접을 수 있습니다. 반 학생 6명이 종이학 300개를 접으려면 몇 분이 걸릴까요?

식 $300 \div (6 \times 2) = 25$ 답 25 분

⑥ 호박전 37개와 육전 35개를 만들었습니다. 종류에 상관없이 한 접시에 10개씩 5접시에 담았을 때 남은 전은 몇 개일까요?

식 $37 + 35 - 10 \times 5 = 22$ 답 22 개

⑦ 장미 30송이 중에서 11송이씩 꽃다발 2개를 만들고, 남은 장미는 다른 꽃 7송이와 함께 꽃바구니를 만들었습니다. 꽃바구니에 사용된 꽃은 몇 송이일까요?

식 $30 - 11 \times 2 + 7 = 15$ 답 15 송이

⑧ 색종이가 15장 있는데 선생님이 20장을 더 주셨습니다. 친구 5명이 각자 6장씩 사용했다면 남은 색종이는 몇 장일까요?

식 $15 + 20 - 5 \times 6 = 5$ 답 5 장

3. 혼합 계산 연습 **117**

---

⑧ 색종이 15장이 있는데

선생님이 20장을 더 주심

$\qquad +20$

친구 5명이 각자 6장씩 사용했다면

$\qquad 5 \times 6$

남은 색종이는 몇 장?

식 $15 + 20 - 5 \times 6$
$\quad = 15 + 20 - 30$
$\quad = 35 - 30$
$\quad = 5$

답 5장

118쪽

⑨ 하루에 **105**벌씩 **4**일 동안 만든 바지를
　　　105×4

한 상자에 **12**벌씩 똑같이 나누어 담으면
　　　　　　　　　　　　÷12

몇 상자에 담을 수 있을까?

식　105×4÷12
　　=420÷12
　　=35

답 35상자

---

⑩ 볼펜 **180**자루
불량품 **12**자루를 버리고
　　　－12

한 명당 볼펜을 **3**자루씩 나누어 줌
　　　　　　　　　　　　÷3

몇 명에게 나누어 줄 수 있을까?

식　(180－12)÷3
　　=168÷3
　　=56

답 56명

---

⑪ **1**시간 동안 케이크 **12**개를 장식할 수 있는 기계 **8**대로
→ (기계 8대로 1시간 동안 장식할 수 있는 케이크 수)
　=12×8

케이크 **288**개에 크림 장식을 한다면 몇 시간이 걸릴까?
→ 288÷(기계 8대로 1시간 동안 장식할 수 있는 케이크 수)

식　288÷(12×8)
　　=288÷96
　　=3

답 3시간

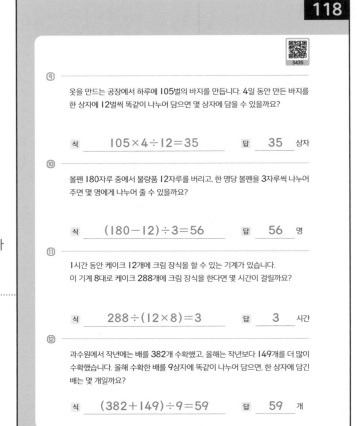

⑫ 작년에는 배 **382**개 수확
올해는 작년보다 **149**개 더 많이 수확
　　　　　　　　　　　　＋149

올해 수확한 배를 **9**상자에 똑같이 나누어 담으면
　　　　　　　　　　　　÷9

한 상자에 배는 몇 개?

식　(382＋149)÷9
　　=531÷9
　　=59

답 59개

⑬ 학용품을 사려고
1000원짜리 지폐 **4**장과
$\underbrace{1000 \times 4}$

100원짜리 동전 **8**개를 냈음
$\underbrace{100 \times 8}$

낸 돈은 얼마?
→ (1000원짜리로 낸 돈) + (100원짜리로 낸 돈)

식 $1000 \times 4 + 100 \times 8$
$= 4000 + 100 \times 8$
$= 4000 + 800$
$= 4800$

답 4800원

⑭ 방울토마토 **56**개
남학생 **3**명과 여학생 **4**명이
$\underbrace{3 + 4}$

각각 **6**개씩 먹음
$\underbrace{\times 6}$

남은 방울토마토는 몇 개?

식 $56 - (3 + 4) \times 6$
$= 56 - 7 \times 6$
$= 56 - 42$
$= 14$

답 14개

⑮ 댄스부에 여학생은 **14**명,
남학생은 여학생의 **2**배보다 **10**명이 적음
$\underbrace{\times 2} \qquad \underbrace{-10}$

댄스부 학생들을 **8**팀으로 똑같이 나누면
$\underbrace{\div 8}$

한 팀은 몇 명?

식 $(14 + 14 \times 2 - 10) \div 8$
$= (14 + 28 - 10) \div 8$
$= (42 - 10) \div 8$
$= 32 \div 8$
$= 4$

답 4명

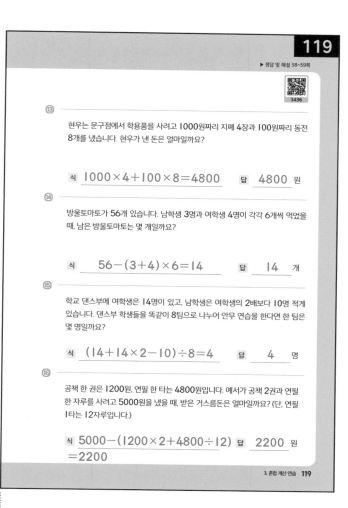

⑬ 현우는 문구점에서 학용품을 사려고 1000원짜리 지폐 4장과 100원짜리 동전 8개를 냈습니다. 현우가 낸 돈은 얼마일까요?

식 $1000 \times 4 + 100 \times 8 = 4800$ **답** 4800 원

⑭ 방울토마토가 56개 있습니다. 남학생 3명과 여학생 4명이 각각 6개씩 먹었을 때, 남은 방울토마토는 몇 개일까요?

식 $56 - (3 + 4) \times 6 = 14$ **답** 14 개

⑮ 학교 댄스부에 여학생이 14명이 있고, 남학생은 여학생의 2배보다 10명 적게 있습니다. 댄스부 학생들을 똑같이 8팀으로 나누어 안무 연습을 한다면 한 팀은 몇 명일까요?

식 $(14 + 14 \times 2 - 10) \div 8 = 4$ **답** 4 명

⑯ 공책 한 권은 1200원, 연필 한 타는 4800원입니다. 예서가 공책 2권과 연필 한 자루를 사려고 5000원을 낼 때, 받은 거스름돈은 얼마일까요? (단, 연필 1타는 12자루입니다.)

식 $5000 - (1200 \times 2 + 4800 \div 12)$ **답** 2200 원
$= 2200$

3. 혼합 계산 연습 **119**

⑯ 공책 한 권은 **1200**원
연필 한 타(**12**자루)는 **4800**원
공책 **2**권과 연필 한 자루를 사려고 **5000**원 냄
$\underbrace{1200 \times 2} \quad \underbrace{4800 \div 12}$

거스름돈은 얼마?
→ 5000 − (산 물건값)

식 $5000 - (1200 \times 2 + 4800 \div 12)$
$= 5000 - (2400 + 4800 \div 12)$
$= 5000 - (2400 + 400)$
$= 5000 - 2800$
$= 2200$

답 2200원

3. 혼합 계산 연습

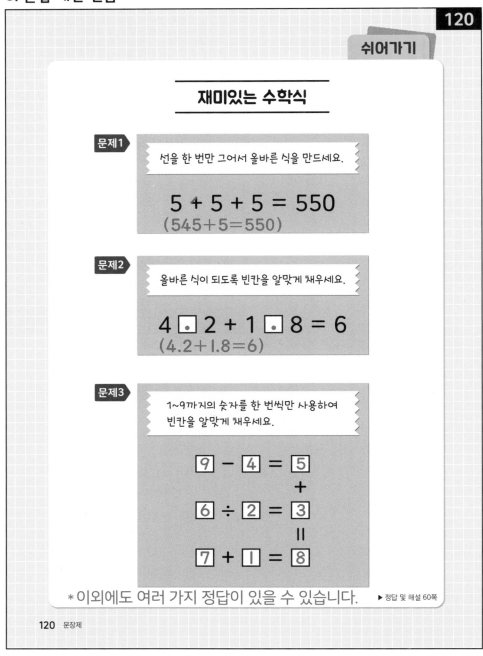

재미있는 수학식

문제1

선을 한 번만 그어서 올바른 식을 만드세요.

$$5 + 5 + 5 = 550$$
$$(545 + 5 = 550)$$

문제2

올바른 식이 되도록 빈칸을 알맞게 채우세요.

$$4 \boxed{.} 2 + 1 \boxed{.} 8 = 6$$
$$(4.2 + 1.8 = 6)$$

문제3

1~9까지의 숫자를 한 번씩만 사용하여 빈칸을 알맞게 채우세요.

$$\boxed{9} - \boxed{4} = \boxed{5}$$
$$+$$
$$\boxed{6} \div \boxed{2} = \boxed{3}$$
$$=$$
$$\boxed{7} + \boxed{1} = \boxed{8}$$

＊이외에도 여러 가지 정답이 있을 수 있습니다.   ▶ 정답 및 해설 60쪽

120 문장제